目からウロコの多変量解析

データ分析の極意に迫る7つの処方箋

廣野元久［著］

日科技連

まえがき

「統計学は不思議な学問である」と，前作の『目からウロコの統計学』の前書きに書かせていただきました．本書はその姉妹編で，多変量解析に焦点を当てた目からウロコな物語です．今回も，日科技連出版社の戸羽節文社長から「続編として多変量解析をやさしく説明した入門書を執筆してほしい．加えて，実務家として経験した目からウロコな話を入れてほしい」と依頼されました．筆者は統計学者ではありませんが，長年，使い手として統計手法を活用してきました．幸運なことに，多くの高名な先生方から直接に学ぶ機会がたくさんありました．特に，芳賀敏郎先生にはデータ分析の楽しさをやさしく教えていただきました．また，異なる業界の友人たちとも出会うことができ，諸先輩方から学んだ事例や教訓にもとづいて，本書をまとめることができました．

本書は『目からウロコの統計学』の構成にこだわることなく執筆しています．例えば，文体も前作よりも軟らかな「です・ます調」にしていますし，各話の難易度を示す★印を止めました．さらに，前作と大きく違うのは手法の手順を示した節やうんちくを止めて，その代わりに目からウロコのまとめや質問とその答えを各話にちりばめたことです．このため，前作との統一感はかなり崩れてしまいました．しかし，「大学で使う理論書や流行りのノウハウ本，ソフトウェアの操作本とは一線を画した，風変りだけれども知ってよかった読み物にする」という方向性は前作と同じです．

ところで，本書を執筆するに当たり，前作と同様にインターネットのニュースや情報を収集しました．そこでわかったことは，「統計学は利用範囲が広い分，データ分析に関する誤解や誤用が随分と多いこと」「統計学を利用する分野によっては活用の仕方や解釈に特徴があること」「統計学を使いたいけれど情緒的なアレルギーも多いこと」であり，これらは『目からウロコの統計学』を刊行した2017年と変わっていません．しかし，大きな変化もありました．AI(人工知能)や機械学習

(ディープラーニングなど)という言葉がビジネス界で踊るようになった結果，統計学の学習をスキップして，いきなり機械学習に飛びつく人々が増えていることです(国家戦略としても花形で，まだまだ人材不足なのか高給が望める分野です)．機械学習のセミナーでは統計学を扱っている領域も多いのですが，そういった領域も，「すべて機械学習である」という誤解も生まれています．一方で，工業分野で使われる伝統的な多変量解析のセミナーの参加者は徐々に少なくなっています．多変量解析の理論の多くは20世紀に完成しています．21世紀の最初の10年間はマイニングとモデリングがもてはやされました．その後の10年間はビッグデータの活用法としてAI(機械学習)が盛んです．

では，多変量解析はもはや古典なのでしょうか．筆者はそうは考えていません．コンピュータのパワーに恵まれ，ソフトウェアが充実した今日こそ，多変量解析が一般に普及する時代が来たのだと考えてます．また，多変量解析を学ぶことはAI(機械学習)を学ぶうえでも大変に有益だと思っています．確かにAI(機械学習)は予測に強力な手法ですが，現象の説明や因果の探索には多変量解析のような手法が必要になります．両者は車の両輪なのです．

本書では，懐古主義に陥ることなく，「事例を通じて多変量解析の活用法をわかりやすく説明し，少しでも実務で多変量解析の恩恵を受ける人々が増えるように」と願い，以下の3点を執筆の指針としました．

① 事例を通じて多変量解析の落とし穴とその処方箋を紹介する．
② 数理に深入りせず気楽に読める分析ストーリーを展開する．
③ 多変量解析を知っている人にも目からウロコな情報を提供する．

しかし，本書を執筆する際に悩ましかったことが2つありました．

最初の悩みごとは，「多変量解析といっても，そこに含まれる手法の数がたくさんあるので，どの手法を紹介すればよいか」でしたが，どうにか弁慶の七つ道具のように，実務で役立つ個性豊かな手法を選ぶことができました．本書では，第1話で分散分析を，第2話で重回帰分析を，

第3話でロジスティック回帰分析を，第4話で生存時間分析を，第5話で主成分分析と対応分析を，第6話で決定分析（AID と CHAID）をちょっと斜めから紹介しています．判別分析やクラスター分析などの手法も紹介したかったのですが，頁数の関係で泣く泣く断念しました．いつか機会をいただけるのであれば，『続・目からウロコの多変量解析』として紹介したいと思います．

もう一つの悩みごとは，幸か不幸か，多変量解析にはソフトウェアの利用が不可欠なので，「手法を説明するためにはどのソフトウェアを使えばよいのか」でした．世の中には有料・無料を問わず，良いソフトウェアはたくさんあります．本書ではグラフィカルな機能が豊富で教育用にも使える SAS 社の JMP を採用しています．このため，分析結果の多くは JMP の日本語標記に従っています．他のソフトウェアを使う場合は，読者が使っているソフトウェアの標記に読み変えていただければ幸いです．

また，本書で用いたデータセットの一部は前作の『目からウロコの統計学』と同様に日科技連出版社のウェブサイト（http：//www.juse-p.co.jp/）からダウンロードできます．

本書の執筆に当たり，慶應義塾大学の山田秀先生には草稿を通読していただき，多くの助言をいただきました．この場を借りてお礼を申し上げます．また，休みがとれたときに本書の執筆にすべての時間を割くことを心よく認め，献身的に励ましてくれた妻にも心から感謝します．最後に，本書の出版に当たり，筆が遅れがちな筆者に気遣いと世話をしてくださった日科技連出版社の皆様にもお礼を申し上げます．

2019年10月　愛する妻へ

廣野　元久

目　次

第1話　名脇役の分散分析

フランス人のケックランは20世紀前半に活躍した大スターを取り上げて，『7大スターの交響曲』を作曲しました．選ばれたのは，G. ガルボ，M. ディートリッヒ，C. チャップリン，D. フェアバンクス，L. ハーヴェイ，C. ボウ，E. ヤニングスの7人です．数字7は弁慶の7つ道具や賤ケ岳の7本槍など役に立つ道具類という意味でも馴染み深い数字です．本書では多変量解析のスターの取扱いをまとめました．トップバッターは分散分析です．「分散分析は多変量解析ではない」など言いっこなしです．

1.1　違いが判る名脇役

分散分析というとどんな印象をもちますか．実験計画法を学んだことのある読者なら検定結果をまとめた，「**ANOVA**（分散分析）の表か」と思い浮かべるかもしれません．実は分散分析は「違いが判るデータ分析の道具」です．第1話は，違いが判る名脇役の話です．

■面積の計算のお供に乱数を

分散分析の話の前に**母集団**と**標本**の理解を深めましょう．題材は四角形と不思議な形をした図形の面積の比較です．この題材は数学ではなく統計学の問題です．ここで，あなたに質問です．

質問❶：**図1.1**(a)の正方形で囲まれた面積と**図1.1**(b)の曲線で囲まれた面積は，全体の正方形の面積を1m^{2}としたときにいくらになりますか．また，どちらの面積が広いでしょうか(答えはp.9).

図1.1(a)は正方形なので，学校で習ったように正方形の面積は1辺の2乗で求めることができます．1辺は0.5mですから面積は0.5×0.5

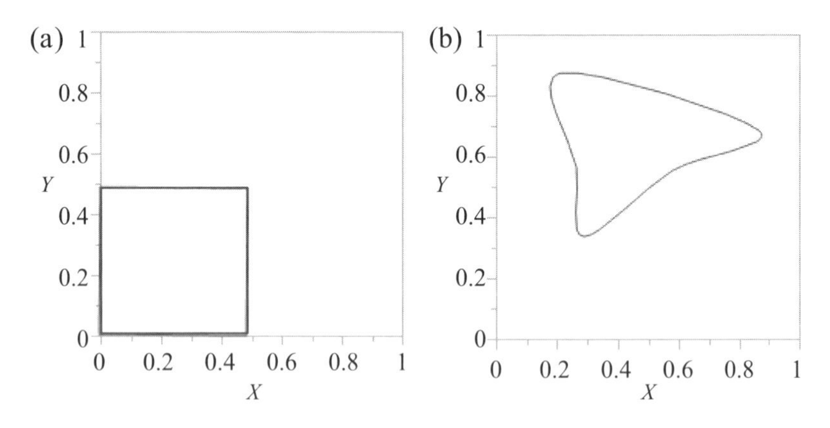

図 1.1　2つの異なる図形の面積を求める問題

$=0.25\text{m}^2$と求まります．次に**図 1.1**(b)はどうでしょう．複雑な形状をしているので簡単に計算できません．そこで，質問❶は統計学を使って答えを導くことにします．

準備するのは2組の**一様乱数**です．一様乱数は0〜1のすべての実数のなかから，実数が選ばれる可能性は平等という条件で作られる数の列です．平等とは任意の実数が選ばれる機会が均等という意味です．選ばれた一様乱数の一つひとつは**標本**とよばれ，標本のもつ値は**観測値**とよばれます．標本は意味や理由もなく選ばれます．一様乱数はソフトウェアを使えば0〜1のすべての実数のなかから，簡単にいくつでも選ぶことができるのです．

■統計学で面積の計算

本例の面積を求める方法を紹介します．まず，1辺が1mの正方形のなかに対象となる図形を描き，発生させる一様乱数の数を決めます．1辺が1mといいましたが，本当に1辺が1mの正方形を用意するわけではなく，コンピュータの画面上で1辺が1mの正方形を仮想的に作るという意味です．一様乱数の数は多いほど正確な面積が計算できます．ここでは，200個の一様乱数を2つ発生させて対にします．一様乱数の一方をX軸(横軸)の値に，もう一方をY軸(縦軸)の値に割り当てます．

その値を使って正方形のなかに布置します．選ばれた一様乱数は1辺が1m の正方形のどこかに布置されます．一様乱数の対がどこに布置されるかは完全に**無作為**です．無作為とは一つひとつの値が独立で確率的に得られた状態を指す言葉です．対象の図形内に入る個数を r 個とすれば，その割合 $r \div 200$ は対象の図形と全体の面積の平均的な比率になります．全体の面積に求めた比率をかければ目的の面積の近似になります．

この作業を**試行**とよびます．たった1回の試行では，一様乱数がもつ不確実性がでると予想されます．そこで，試行を何回か繰り返し，その平均を計算すれば求める面積の確からしさが増します．ここでは試行を100回繰り返します．

最初に，真値（正しい面積）がわかっている(a)について実験します．得られた100個の比率から，**図1.2**(a)に示す**ヒストグラム**と**統計量**が得られます．(a)の真値は 0.25m^2 とわかっているので，真値からの差を調べればこの実験の精度を評価できます．統計学では，真値は**母集団**（試行を限りなく繰り返して得られるすべての観測値）の平均という意味で**母平均**とよんでいます．**図1.2**(a)に示すように平均は 0.249m^2 です

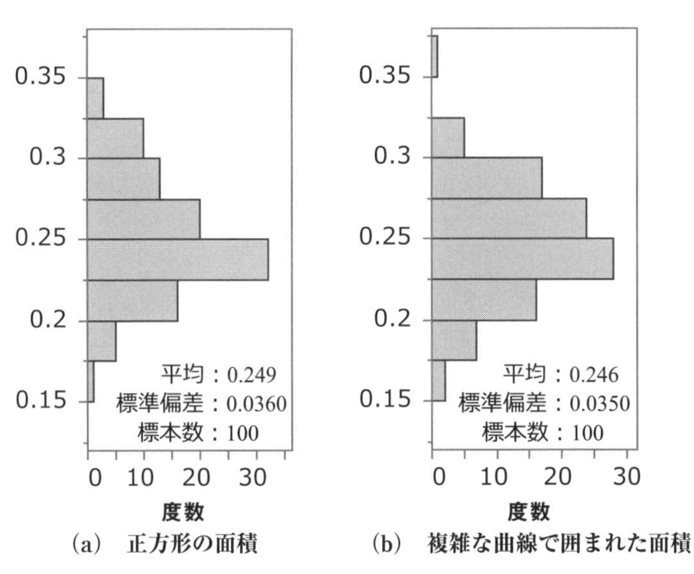

(a)　正方形の面積　　(b)　複雑な曲線で囲まれた面積

図1.2　一様乱数を使って面積を調べた例

から，ほぼ真値です．この値を母平均 μ（ミュー）の点推定に使います．

(b)の場合のように母平均がわからない場合も，(a)の場合と同様に図形内に入る一様乱数の比率を観測し試行を 100 回繰り返します．こうして得られた観測値を使って(b)の母平均を推定すると，**図 1.2**(b)に示した 0.246m^{2}が得られます．(a)と(b)の面積の差は 0.249－0.246＝0.003m^{2}にすぎません．わずかな差ですが，この差に意味があるかどうかを考えましょう．

改めて**図 1.2** を見てください．**図 1.2** は試行を繰り返して得られた観測値のばらつきをヒストグラムで表したものです．不思議に思えますが，**図 1.2** の左右のヒストグラムはともに左右対称のきれいなベル(西洋釣鐘)状の分布をしています．標本の度数は平均付近が多く，度数は平均から離れれば離れるほど少なくなっています．平均付近の値が得られる割合が多いことから，標本抽出した平均には意味がありそうです．統計理論によると，このような標本による誤差は**正規分布**[1]に従うことが知られています．正規分布から導かれる統計学の理論[2]によって，両者の**信頼率** 95％の**信頼区間**は以下のように求まります．

- (a)の信頼率 95％の信頼区間は 0.242～0.256m^2
- (b)の信頼率 95％の信頼区間は 0.239～0.253m^2

信頼率 95% の信頼区間とは 100 回同様な試行を行ったなら，平均的にそのなかで 95 回は信頼区間のなかに母平均が含まれていることを意

1）標本誤差が正規分布に従うことに気づいたのはドイツの数学者のガウスである．彼は望遠鏡を使って月の直径を観測していた．測定を繰り返すと結果はその都度違っていたが，誤差の現れ方に規則性を発見した．それが正規分布である．正規分布のパラメータは 2 つあり，母平均 μ と母分散 σ^2である．正規分布の場合は母平均が中央値に一致する．実務では母分散 σ^2の平方根をとった標準偏差 σ をばらつきの指標として利用する．母集団が正規分布で表されるとき，そこから重要な標本分布が導出される．それは，カイ 2 乗分布，t 分布，F 分布である．

2）母分散 σ^2がわかっているときに，母平均 μ の信頼率 95％の信頼区間は，$\bar{x} \pm 1.96 \times \sigma/\sqrt{n}$で求めることができる．ここで n は標本の個数である．両側で母平均 μ から 1.96 倍の標準偏差の距離までに正規分布の 95％が含まれることを利用して信頼区間を算出するのである．なお，$\sqrt{n}$で σ を割っているのは分散の加法性という性質によるのである．通常は σ^2が未知なので，σ^2の標本誤差を加味した t 値を使う．この t 値は自由度 $\phi = n-1$ の t 分布に従うので，信頼区間は$\bar{x} \pm t(\phi,\ \alpha/2) \times s/\sqrt{n}$で求めることができる．ここで，$s$ は標本の標準偏差である．

味します．母平均も**母標準偏差**(母集団の標準偏差)も未知ですが，ある値をもっています．確率的に変化するのは標本の平均と標準偏差です．信頼区間は標本ごとに異なる幅をもつので上記のような表現になります．

以上から，(a)の母平均 $0.25\mathrm{m}^2$ は信頼区間内にあり，一様乱数を使った面積の推定は統計的によい近似が得られたと考えます．また，(a)と(b)の信頼区間はほぼ重なっていますから，直感的には両者の母平均は，ほぼ同じ面積ではないかと類推したくなります．

では，論理的に(a)と(b)の面積が等しい(あるいは違う)ことをいうにはどうしたらよいでしょう．まず，両者のばらつきを比較します．ばらつきの比較には標準偏差の 2 乗の分散を使います．2 つの分散の比を計算すると $1.06(=(0.0360)^2/(0.0350)^2)$ ですから，母集団の等分散性の検定[3]を行うまでもなく有意な差が認められません．(a)と(b)は同じ方法で面積を推定したのですから，ばらつく原因は標本抽出の際に起こる偶然誤差だけです．統計的検定で有意な差が認められないことは理にかなっています．図形の面積を観測する際に生じる偶然誤差は，同じばらつきをもつ正規分布で表すことができると考えてよいでしょう．ばらつく正体が同じなら対象の図形がどのような形であれ，この方法の確からしさが示されたことになります．

■分散分析の物差し

(a)と(b)のどちらの面積が大きいかを判断できる仕込みが終わりました．(a)と(b)の平均の差は $0.003\mathrm{m}^2$ です．この差には 2 つの意味が含まれています．1 つは面積に関する実質的な差です．2 つの図形を厳密に計測すれば必ずわずかな差がつくことでしょう．わずかな差が実世界で意味のあるものと考えるか，それとも近似として同じと考えるかに

3)　等分散性の検定は F 分布を利用する．帰無仮説 H_0 の下では $\sigma_1{}^2=\sigma_2{}^2=\sigma^2$ であるから，F_0 は V_1/V_2 と簡単になる．この F_0 が自由度 ϕ_1，ϕ_2 の F 分布に従うので，F 分布の累積確率が 95%になる閾値 F^* よりも大きい場合は「有意な差がある」と判断する．99%になる閾値 F^* よりも大きい場合は「高度に有意な差がある」と判断する．なお，実験計画法や重回帰の変数選択では 95%になる閾値 F^* を判断基準にするのは厳しすぎるとして，75% になる閾値 F^*，あるいは F^* 値 $=2$ などが好まれる．

より判断が分かれます．今回の 0.003m^{2}が母平均の差であると考えた場合，その差に意味があるかどうかは固有技術の問題であり，統計学の問題ではありません．

もう1つの意味は神様のイタズラ(標本抽出の際に生まれる標本誤差の影響)を防ぐということです．神様のイタズラとは本当は(a)の面積が(b)の面積よりも大きいにもかかわらず，計算された面積が(a)より(b)のほうが大きいかあるいは等しいという結果が得られた場合です．標本数 n が小さいと神様のイタズラは無視できないので，標本の差だけでは本当に母平均に差があるのかどうかわかりません．このときに手助けになるのが統計学です．

正規分布から選ばれた観測値の分散は**自由度** ϕ (ファイ)，$\phi = n-1$ の **χ^2(カイ2乗)分布**に従うことが知られ[4]，正規分布に従う2つの母集団から無作為抽出された観測値の分散の比は ***F* 分布**に従うことが知られています[5]．この性質を使って**分散分析**を行います．分散分析はその名が示すとおり，効果と標本誤差の分散を比較する方法です．

■リスクを明らかにする分散分析表

分散分析の方法とその結果をまとめた分散分析表の使い方を紹介します．最初に分散分析では統計仮説を2つ用意します．2つの母平均が同じか違うかの2つです．統計仮説を数式で表したいので，(a)の母平均(真の面積)を μ_1 とし，(b)の母平均(真の面積)を μ_2 とします．統計学では仮想的に帰無仮説 H_0 の状態を考えます．μ_1 と μ_2 の値がわからないので H_1 の状態を知る術はありませんが，μ_1 と μ_2 が等しいと仮定すれば帰無仮説 H_0 の状態は標本分布を使って示すことができます．確率を計算するために使う F 分布の関数は複雑な形をしていますが，F_0 値は

4) 母集団が正規分布に従うとき，標本分散と母分散の比，$\chi^2 = (n-1)V/\sigma^2$ は自由度 $\phi = n-1$ のカイ2乗分布に従うことが知られている．カイ2乗分布は最尤法で求めたパラメータの推定や検定にも使われる．

5) 2つの母集団が正規分布に従うとき，それらの標本から計算された分散 V_1 と V_2 は，母分散を使って，$F = (V_1/\sigma_1^2)/(V_2/\sigma_2^2)$ が自由度 ϕ_1，ϕ_2 の F 分布に従うことが知られている．

(1.1)式のように簡単に表すことができます．

$$F_0=\left(\frac{V_1}{\sigma_1^2}\right)\Bigg/\left(\frac{V_2}{\sigma_2^2}\right)=\frac{V_1}{V_2} \tag{1.1}$$

分散分析における2つの統計仮説

- 帰無仮説 H_0：対象となる母平均は等しい
  ここでは，$\mu_1=\mu_2=\mu$(面積(a)と(b)の母平均は等しい)
- 対立仮説 H_1：対象となる母平均は等しくない
  ここでは，$\mu_1\neq\mu_2$(面積(a)と(b)の母平均は異なる)

H_0と H_1とは排反(一方が真であれば他方は偽)の関係があります．分散分析ではパラメータ μ に関する H_0を設定し，それが棄却(廃案)できるかどうかを調べます．

慣例的に(1.1)式の分子に効果の分散を，分母に標本誤差の分散を与えます．ここで，F の添え字0は帰無仮説 H_0の0を意味します．H_0の下では同じ母分散をもつので，標本の分散の比を計算するだけで F_0値が求まります．ところで，(1.1)式には平均の差がどこにもありません．どこに行ったのでしょう．2つの平均を比較する場合の効果は，

$$V_1=n\left\{(\bar{y}_1-\bar{\bar{y}})^2+(\bar{y}_2-\bar{\bar{y}})^2\right\}=(\bar{y}_1-\bar{y}_2)^2/2 \tag{1.2}$$

$\bar{\bar{y}}$：総平均

で計算します．3グループ以上を比較する場合はグループ数を a として，

$$V_1=n\left\{(\bar{y}_1-\bar{\bar{y}})^2+(\bar{y}_2-\bar{\bar{y}})^2+\cdots+(\bar{y}_a-\bar{\bar{y}})^2\right\}/(a-1) \tag{1.3}$$

と計算します．なお，(1.2)式も(1.3)式もグループの標本数が等しい場合に成り立ちます．分母はどう計算するのでしょう．**図1.2**に示された2つの標準偏差の2乗の平均を使うわけにはいきません．(1.4)式を使います．

$$V_2=\left\{\begin{aligned}&(y_{11}-\bar{y}_1)^2+(y_{21}-\bar{y}_1)^2+\cdots+(y_{n1}-\bar{y}_1)^2\\&\quad+(y_{12}-\bar{y}_2)^2+(y_{22}-\bar{y}_2)^2+\cdots+(y_{n2}-\bar{y}_2)^2\end{aligned}\right\}\Bigg/a(n-1) \tag{1.4}$$

前の添え字：グループの標本数，後の添え字：グループの数

(1.4)式では各グループの平方和を加え合わせて，全体の自由度で

割って計算します．例えば，(a)の面積では各標本の観測値から$\bar{y}_1$を引き，(b)の面積では各標本の観測値から$\bar{y}_2$を引き，2乗和を計算して自由度で割ります．分母には各グループの平均の情報が消されています．つまり，(1.1)式の分子と分母は互いに独立です．

また，分母の自由度$\phi = a(n-1)$は，全体の標本の数anから総平均と効果の自由度$1+(a-1)=a$を引いた数です．実際に計算した結果を**表1.1**の分散分析表にまとめます．分散分析表は手元のデータを使って帰無仮説H_0の可能性を示した表です．分散分析表に記したp値は，「H_0が正しいとする確率なので対立仮説H_1を採択した場合にはそのリスク」といえそうです．しかし，**この表現は概念としてわかりやすい**のですが不正確です．統計的検定はH_0が正しい下で，手元のデータが得られる確率(p値)が小さい場合には確率計算の前提であるH_0を棄却しH_1を採択する方法です．

具体的に数値を見ていきましょう．効果の自由度は比較するグループが$a=2$なので1です．標本誤差の自由度は$a(n-1)=2(100-1)=198$です．この2つを合計した数が全体の199になります．200より1つ小さい数なのは，分散分析表では全体平均$\bar{\bar{y}}$の情報が除かれているからです．平方和の値は，それぞれ(1.2)式と(あるいは(1.4)式)の分子の値です．次の列の**平均平方**は今まで分散といってきたものです．平方和を自由度で割ったもので，平方の平均という意味で使われます．そして，F_0値が平均平方の比，$0.000421/0.001262=0.333$になります．効果は誤差の平均平方の1/3ほどです．標本数をそれぞれ100個とって面積を求めたものの，(a)と(b)の面積の差は標本誤差のなかに埋没しています．右端のp値は，自由度1と自由度198のF分布から計算される確

表1.1　2つの図形の面積を比較した分散分析表

要因	自由度	平方和	平均平方	F_0値	p値
効果	1	0.000421	0.000421	0.333	0.564
誤差	198	0.249848	0.001262		
全体	199	0.250268			

率 0.564 です．その値は帰無仮説 H_0の下で計算した F_0値以上の値が得られる確率を示したものです．100 回の試行によって求めた面積の平均は，(a)の面積が大きかったり，(b)の面積が大きかったりするだろうから，「今回の実験ではどちらが大きいのか統計的方法では判断がつかない」ということを示しています．100 回ずつ試行した結果でも判断がつかないくらいの差しか得られなかったということから，現実的な質問❶の答えは「**比較すべき 2 つの面積は同じと判断してもよいのではないか**」という結論になります．分散分析は処理(ここでは図形)の効果を判断する統計手法です．今回は 2 つの図形の面積は同じという結論を導きました．でも，どうしても有意な差をつけたい場合はどうすればよいのでしょうか．この問題では，以下のような方法が考えられます．

① 発生させる乱数の数をもっと増やす

② 100 回の試行数(標本数)をもっと増やす

③ ①と②の両方を行う

実際の問題では，「事前にどの程度の標本があれば意味のある差が得られるか」を想定しておくことが大切です．それは，統計学の問題ではなく，固有の技術の問題です．もちろん，統計学を使って，推定精度から逆算して標本数の指針を与えることは可能です．その方法は，またの機会に紹介したいと思います．

目からウロコ 1.1：p 値が意味する本当のこと

p 値はデータと特定の統計モデル H_0が矛盾する程度を示す指標です．p 値は仮説やその計算の背後にある統計仮定にもとづいたデータに対する記述です．身も蓋もないのですが仮説や背後にある統計仮定自身について記述するものではありません．そのため，p.8 の**太字**のように表現しました．その値が小さい(例えば，5%以下)ときは以下の状況が考えられます．

① 本当に標本誤差以上に母平均に差がある H_1の状況

② 背後にある統計仮定(独立性や正規性など)が誤っている状況

1.2　多変量解析への誘い

1.1 節では図形の面積の比較を問題にしました．実際に測定した面積は，研究の目的となるものという意味で**目的変数**(あるいは**特性**)といいます．図形の違いは面積を説明するものという意味で**説明変数**(あるいは**要因**)といいます．面積の問題では特性のばらつきを要因の影響と標本誤差に分解する方法として分散分析を紹介しました．検定結果から帰無仮説 H_0を棄却できず，図形の違いで面積に有意な差があるといえませんでした．そして，人の判断として面積が等しいと結論づけたのです．

多変量解析では，面積の問題以上に扱う個体数 n や変数 p を増やして予測や要約をします．本節では「多変量解析とは何？」について考えます．また，「どのような方法があるのか」「どういう形式のデータを扱うのか」「どのような目的で使われるのか」「どのような結果が得られるのか」について代表的な重回帰分析と主成分分析の概要を紹介します．

■多変量データとは

データ分析はばらつきのあるたくさんのデータを使って，そのなかに隠れている規則性を発見する方法です．多変量解析の対象となるデータは個体数 n と変数の数 p で整理された $n \times p$(行と列)で表されるデータです．このようなデータは**多変量データ**とよばれます．**表 1.2** は樹脂の強度を実験した結果をまとめたもので，成型温度(℃)と触媒量(%)と強度(kg/cm^2)のデータの１部です．**表 1.2** のデータも多変量データです．

表 1.2 では成型温度と触媒量が説明変数です．強度は成型温度と触媒量によって変化すると考えられるので目的変数になります．また，**表 1.2** の強度の観測値は量的な変数です．説明変数の成型温度と触媒量の観測値も量的な変数です．ここで，あなたに質問です．

> **質問❷**：**表 1.2** の説明変数，成型温度と触媒の観測値と目的変数，強度の観測値に何か違いはありませんか．

表 1.2　樹脂の強度測定結果

No.	成型温度	触媒量	強度	No.	成型温度	触媒量	強度
1	80	0.5	29	13	100	0.5	33
2	80	1	32	14	100	1	34
⋮	⋮	⋮	⋮	⋮	⋮	⋮	⋮
6	80	1.5	34	18	100	1.5	35
7	90	0.5	31	19	110	0.5	31
8	90	1	33	20	110	1	33
⋮	⋮	⋮	⋮	⋮	⋮	⋮	⋮
12	90	1.5	36	24	110	1.5	32

質問❷の答えです．目的変数の観測値は自然なばらつきがありますが，説明変数の成型温度の観測値は(80℃・90℃・100℃・110℃)の値しかありません．また，触媒量も(0.5%・1.0%・1.5%)の値しかありません．実は，説明変数という言葉には，得られた観測値が確率的なものというニュアンスが含まれています．**本例の説明変数は人の手によって制御されているので，強度と異なり，成型温度と触媒量は確率的な変数ではありません．**以降は「人の意思が入っている」という意味を込めて，本例では説明変数を**因子**という言葉に改めます．因子は分析によって質的な変数(数値ではなく**水準**)で扱われる場合があります．水準は順序のない名義尺度と順序がつく順序尺度の区別が必要です．

データの区分

- 名義尺度：性別や職業などのように水準の違いだけを表す質的な変数
- 順序尺度：優・良・可のように順序に意味があるが，水準間の差は同じではない質的変数
- 間隔尺度：温度のように順序も間隔も意味があるが，原点(0)の位置はどこにでも置ける量的な変数
- 比例尺度：長さや重さなどのように間隔尺度の仲間だが原点に意味をもつ(決められている)量的な変数

■予測の重回帰分析

第2話で取り上げる**重回帰分析**は予測モデルの基本となる手法です．**表1.2**のデータから強度を成型温度と触媒量で予測する**線形式**(足し算)を求めます．因子をすべて間隔尺度にした場合の予測式を求めると，

$$\hat{y}=31.96-(x_1-95)^2+1.625x_2 \tag{1.5}$$

x_1：成型温度，x_2：触媒量，y：強度

となります．(1.5)式から成型温度が同じ場合は，触媒量が1.0%増えると強度が1.625だけ強くなると推定できます．ただし，**寄与率** R^2 は0.36なのでモデルの改善が必要かもしれません．寄与率 R^2 とはデータ全体のばらつきに対してモデルで説明がつく割合を計算したものです．また，$x_1=95$，$x_2=1.2$ を代入すると，$\hat{y}=33.93$ と推定できます．さらに，信頼率95%の信頼区間を求めると(32.95, 34.91)を得ます．

同じデータですが今度は因子をすべて名義尺度にして予測式を求めてみます．予測式は，以下のようになります．

$$\hat{y}=32.75+\begin{Bmatrix}-0.58 & 80℃\\ 0.42 & 90℃\\ 0.92 & 100℃\\ -0.75 & 110℃\end{Bmatrix}+\begin{Bmatrix}-1.00 & 0.5\%\\ 0.37 & 1.0\%\\ 0.63 & 1.5\%\end{Bmatrix} \tag{1.6}$$

(1.6)式から成型温度90℃・触媒量1.0%の点推定は33.54と求まります．また，信頼率95%の信頼区間を求めると(32.08, 35.00)を得ます．寄与率 R^2 は0.41なので少しだけ改善されました．

■次元縮約の主成分分析

第5話で取り上げる**主成分分析**はデータ要約の基本となる手法です．**表1.3**は1974年～2014年の国内のGDP指数・製造業ストック指数・労働投入指数のデータの一部[6]です．なお，データは1985年を100としたときの指数になっていることに注意してください．このデータに主成分分析を行うと以下の第1主成分と第2主成分が得られます．

$$\begin{aligned}z_1&=-9.340+0.013y_1+0.008y_2+0.067y_3\\ z_2&=-20.099-0.004y_1-0.011y_2+0.226y_3\end{aligned} \tag{1.7}$$

表 1.3　国内産業指数の推移

年	GDP 指数	製造業ストック指数	労働投入指数	年	GDP 指数	製造業ストック指数	労働投入指数
1974	57.6	59.6	89.1	2000	155.9	181.0	101.0
1975	59.9	63.5	87.6	2001	153.1	183.5	100.0
1976	62.3	66.7	89.8	2002	151.8	182.2	98.3
1977	65.3	69.5	91.2	2003	152.8	181.3	98.2
1978	68.6	72.1	92.9	2004	153.7	183.1	98.5
1979	72.4	75.4	94.3	2005	155.1	186.2	98.1
1980	75.6	77.6	95.0	2006	156.1	191.4	98.3
1981	80.4	82.0	95.5	2007	156.6	198.3	98.3
1982	84.1	85.9	96.5	2008	150.3	204.0	97.1
1983	88.2	89.3	98.5	2009	145.2	205.0	93.9
1984	93.7	93.7	100.0	2010	147.3	207.5	95.2
1985	100.0	100.0	100.0	2011	145.7	210.9	94.4
1986	104.2	105.3	100.5	2012	145.9	213.3	94.4
1987	110.4	109.5	102.0	2013	149.6	213.6	93.8
⋮	⋮	⋮	⋮	2014	152.9	215.7	93.7

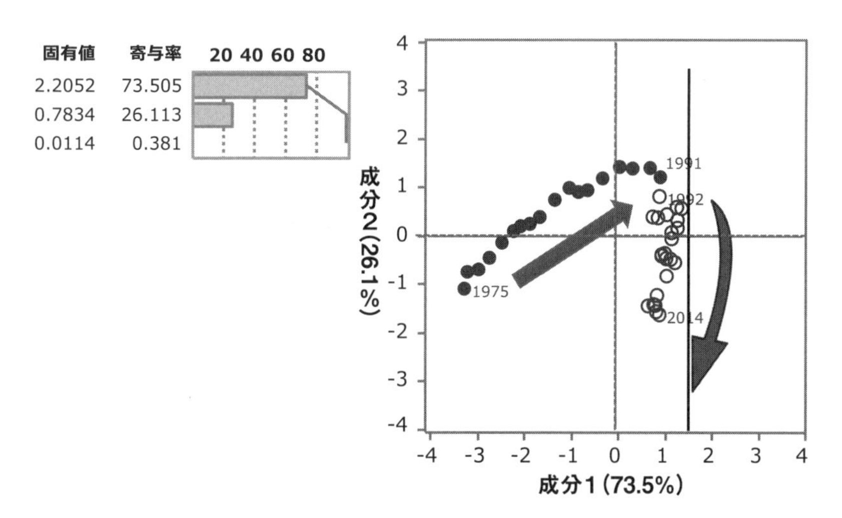

図 1.3　z_1と z_2の散布図

y_1：GDP 指数，y_2：製造業ストック指数，y_3：労働投入指数

第1主成分z_1の寄与率は 0.735，第2主成分z_2の寄与率は 0.261 です．第2主成分までの累積寄与率は 0.996 になります．また，係数の値から，z_1は「総合的産業力」，z_2は「製造業ストック指数と労働投入指数の対立概念」を表すと解釈します．z_1とz_2の散布図を描くなどすると時系列の傾向や，その年の特徴を知ることができます．**図 1.3** はz_1とz_2の散布図を描いたものです．横軸のz_1から 1991 年ごろから経済成長率が止まっているようです．また，z_2の正値が労働投入指数，負値が製造業ストック指数の方向なので，1991 年ごろから製造業への労働力は急激に減少し，代わりに製造業のストック指数は増えているようです．

目からウロコ 1.2：技術で扱う変数の数

技術の世界では現象の説明や制御が目的なので，モデルに取り込む変数の数はできるだけ少なくしようと考えます．機械学習に比べれば多変量解析といってもパラメータの数は“少変量解析”です．

1.3　グラフは友達

2つの母平均を比較する検定や1因子の分散分析では事前に等分散性の確認をします．しかし，因子が複数ある場合は等分散性の確認を事後に行います．なぜ事前に等分散性を確認しないのでしょうか．それは複数の因子があると，いろいろなモデルの候補を考える必要があるからで

6)　このデータは総務省統計局が公表している労働力調査，長期時系列データや電通が公表している広告景気年表などから筆者が 1985 年を 100 として計算したものである．例えば，以下のウェブサイトを参照されたい．
- 統計センター：「e-Stat　政府統計の総合窓口」(https://www.e-stat.go.jp/stat-search/files? page=1&layout=datalist&toukei=00100409&tstat=000001012454&cycle=7&tclass1=000001012456&second2=1)
- 総務省統計局：「労働力調査　長期時系列データ」(https://www.stat.go.jp/data/roudou/longtime/03roudou.html)
- 電通：「広告景気年表」(http://www.dentsu.co.jp/knowledge/ad_nenpyo.html)

す．モデルが決まらないと誤差の推定ができません．本節では**表 1.2** に示したデータを使い，分散分析を使ったモデル選択を紹介します．統計学や実験計画法の教育では丁寧に平方和の分解などの計算手順を説明します．ここではグラフと分散分析の結果からモデル選択を考えます．

■危険な 1 因子の分散分析

表 1.2 のデータから成型温度と触媒量の 2 つの因子を使って樹脂の強度を予測するモデルを探す旅に出ましょう．最初に 2 つの因子は名義尺度として扱います．**図 1.4** は各因子が樹脂の強度に与える影響を調べたものです．**図 1.4** 左は成型温度と強度のグラフです．グラフ中の水平線が平均線です．折れ線が各水準の平均を繋いだものです．折れ線の状態から強度を高めるには 100℃がよさそうです．**図 1.4** 右は触媒量と強度のグラフです．こちらの折れ線から触媒量を増やすと強度が高くなるようです．ただ，触媒量が 1～1.5 の勾配はゆるやかなので 1.5% 以上だと効果が小さいかもしれません．因子が 1 つの場合は，**図 1.4** のようなグラフを作り各水準の等分散性を確認すればよいでしょう．今回は強度に影響を与える因子は 2 つあります．**図 1.4** 左のグラフが示す誤差（打

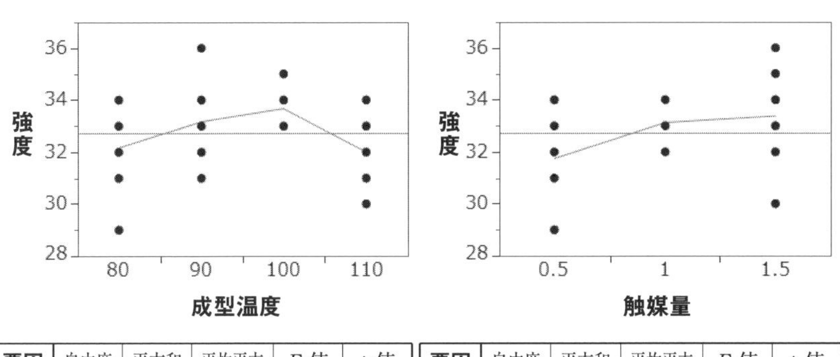

要因	自由度	平方和	平均平方	F_0値	p 値
成型温度	3	11.5	3.8333	1.63	0.214
誤差	20	47.0	2.3500		
全体	23	58.5			

要因	自由度	平方和	平均平方	F_0値	p 値
触媒量	2	12.3	6.1250	2.78	0.08
誤差	21	46.3	2.2024		
全体	23	58.5			

図 1.4　各因子と強度のグラフ

点と折れ線の乖離)には触媒量の効果が混じっています．また，同様に**図1.4**右のグラフが示す誤差(打点と折れ線の乖離)にも成型温度の効果が混じっています．つまり，成型温度(あるいは触媒量)の誤差には触媒量(あるいは成型温度)の影響が含まれています．さらに，触媒量が1.0%のときのばらつきが小さいように思えますが，これは成型温度の影響によるものかもしれないので，この時点で等分散性を気にする必要はありません．

■誤差から効果を引き出す2因子の分散分析

次に，触媒量で層別した成型温度と強度のグラフを描くと**図1.5**が得られます．ここで，あなたに質問です．

> **質問❸**：**図1.5**から何が読み取れますか．その結果からどのような予測モデルを考えたらよいでしょうか．

質問❸の答えです．**図1.5**では触媒量の水準ごとに，成型温度と強度のグラフが描かれています．グラフの曲線は成型温度を間隔尺度として，水準平均を滑らかな曲線で結んだものです．**曲線の様子から触媒量の水準によって強度のピークとなる成型温度が異なることが読み取れます**．このため，**最適な強度を探すには成型温度と触媒量の組合せを考える必要がありそうです**．このような状況を因子間に**交互作用**があるといいます．交互作用と対になる言葉が**主効果**です．主効果とは因子単独の効果を指します．

(1.5)式，(1.6)式のモデルは成型温度と触媒量の交互作用を考慮していなかったので，改善の余地がありそうです．**図1.5**の上下の分散分析表で確認してみます．上は交互作用を考慮しない状態です．下は交互作用を考慮した状態です．分散分析表のp値から5%で有意な因子は交互作用を考慮した状態の触媒量だけです．誤差の自由度が小さいために5%では交互作用は有意な結果が得られなかったようです．実験データの場合には誤差の自由度が少ないので，モデルに取り込む基準(危険率)

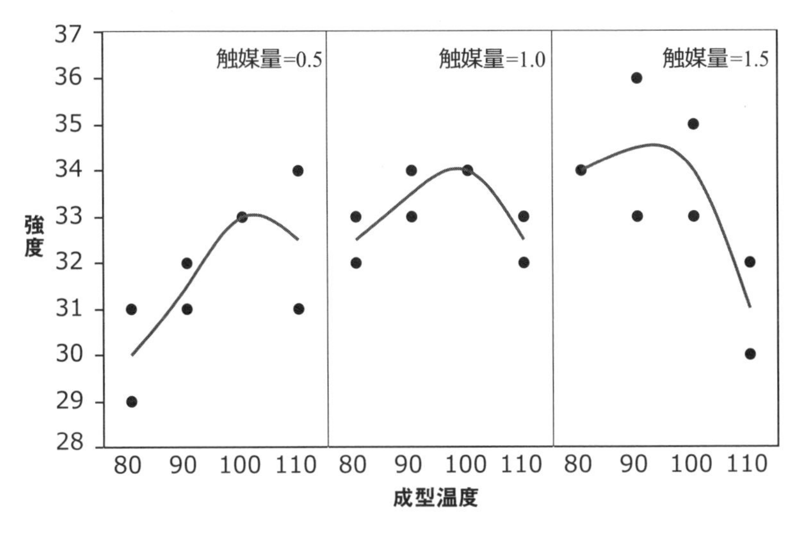

要因	自由度	平方和	平均平方	F_0値	p 値
成型温度	3	11.5	3.8333	1.99	0.15
触媒量	2	12.3	6.1500	3.17	0.07
誤差	18	34.8	1.9306		
全体	23	58.5			

要因	自由度	平方和	平均平方	F_0値	p 値
成型温度	3	10.5	3.5000	2.47	0.112
触媒量	2	16.3	8.1500	5.76	0.018
交互作用	6	17.8	2.9583	2.09	0.131
誤差	12	17.0	1.4167		
全体	23	58.5			

図 1.5　触媒で層別した成型温度と強度の関係

を 5%から 10%などに広げておくとよいかもしれません.

■層別因子の助けを借りた分散分析

触媒量と成型温度の組合せによる強度のピークは実験で制御した水準以外の値で得られるかもしれません. そこで, 成型温度を間隔尺度にしてモデルを改良してみましょう. その結果を**図 1.6** に示します. **図 1.6** では触媒量のカテゴリでマーカーを変えています. ●が触媒量 0.5%,

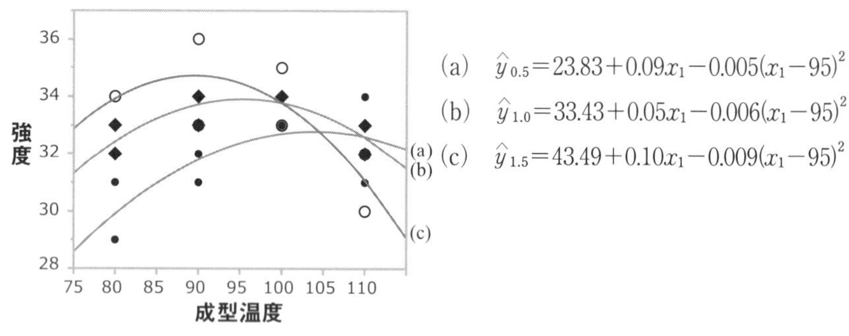

要因	自由度	平方和	平均平方	F_0値	p 値
成型温度	1	8.1	8.1000	7.47	0.014
触媒量	2	12.3	6.1250	5.65	0.013
交互作用	2	17.2	8.5750	7.91	0.004
成型温度 2 次	1	10.7	10.7000	9.84	0.006
誤差	18	29.1	1.6167		
全体	23	58.5			

図 1.6　触媒量で層別した成型温度と強度の関係

◆が触媒量 1.0%，○が触媒量 1.5%を表しています．すでに，成型温度と触媒量の間には交互作用があることがわかっているので，触媒量の水準ごとに成型温度の 2 次式で強度を予測するモデルを当てはめてみます．2 次項を作成する際には，1 次項と 2 次項の間に強い相関が予想されるので，2 次項は観測値から平均を引いた値を 2 乗したものを使います．**図 1.6** の分散分析表を見てください．成型温度・触媒量・交互作用のいずれもが 5%有意になったではありませんか．誤差の自由度が 12 から 18 に増えたことも影響したようです．

■重回帰分析で扱う分散分析

触媒量も間隔尺度にして予測モデルを作成するにはどうしたらよいでしょうか．成型温度は 2 次式を当てはめたほうがよいことは**図 1.6** からわかります．触媒量にも 2 次式を当てはめてモデルを求めてみましょう．その結果を**図 1.7** に示します．また，得られた重回帰式は，以下のとおりです．

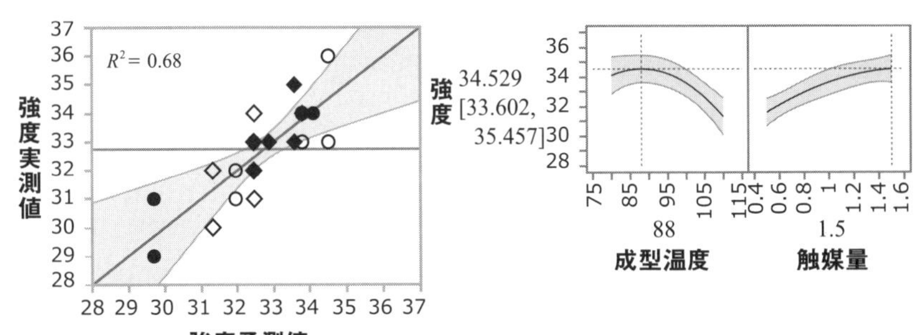

要因	自由度	平方和	平均平方	F_0値	p値
成型温度	1	0.0	0.0000	0.00	1.0000
触媒量	1	10.6	10.5625	10.29	0.0049
交互作用	1	17.1	17.1125	16.67	0.0007
成型温度 2 次	1	10.7	10.6666	10.39	0.0047
触媒量 2 次	1	1.7	1.6875	1.65	0.2160
誤差	18	18.5	1.0262		
全体	23	58.5			

図 1.7　主効果と 2 次の効果，および交互作用を含むモデル

$$\hat{y}=32.33-0.007(x_1-95)^2+1.625x_2-2.250(x_2-1)^2 \\ -0.185(x_1-95)(x_2-1) \qquad (1.8)$$

(1.8)式からわかるように交互作用も観測値から平均を引いて因子の積にしています．最適な強度の条件は成型温度が 88℃，触媒量が 1.5% のときで，34.5kg/cm² と推定されます．そのときの信頼率 95% の信頼区間は(33.6, 35.5)と推定されます．なお，**図 1.7** にある分散分析表では成型温度の 1 次の項の平方和が 0.00 になっています．これは 1 次項がないということではありません．(1.8)式を見てもらうと，成型温度の 2 次項と交互作用項のなかに 1 次項が含まれています．(1.8)式を展開すると成型温度の 1 次項が現れますから安心してください．

最後に，物理化学的に筋がよいモデルにするために因子の水準の値を変数変換します．触媒量は対数変換，成型温度は**アレニウス変換**します．アレニウス変換[7]は温度を摂氏から絶対温度に変更し，エネルギー量として表したものです．成型温度 x_1 を $11605/(273.15+x_1)$ と変数変換します．定数11605はボルツマン定数といわれる値の逆数になります．触媒量は対数変換したので2次項は不要になります．この変数変換により得られた結果を**図1.8**に示します．得られた重回帰式は，以下のようになります．

$$\hat{y}=-865.65+56.79\frac{11605}{273.15+x_1}-58.31\ln x_2 +1.90\frac{11605}{273.15+x_1}\ln x_2-0.90\left(\frac{11605}{273.15+x_1}\right)^2 \quad (1.9)$$

(1.9)式を使えば，最適な強度を求める条件は成型温度が88℃・触媒量1.5%のときの34.5kg/cm²と求まります．信頼率95%の信頼区間は(33.8, 35.5)と推定されます．因子を変換したモデルと変換前のモデルでは大差はありません．

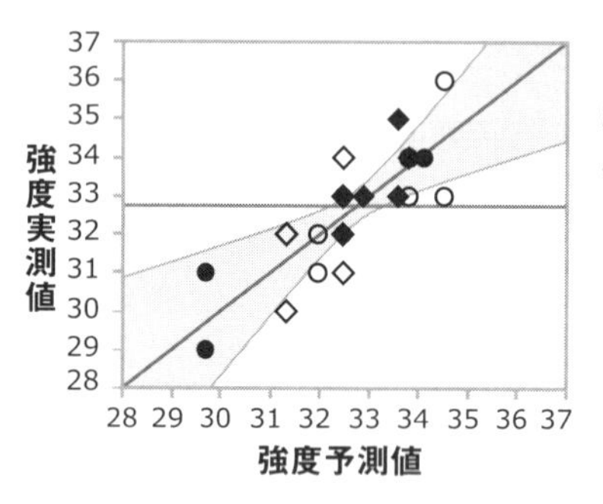

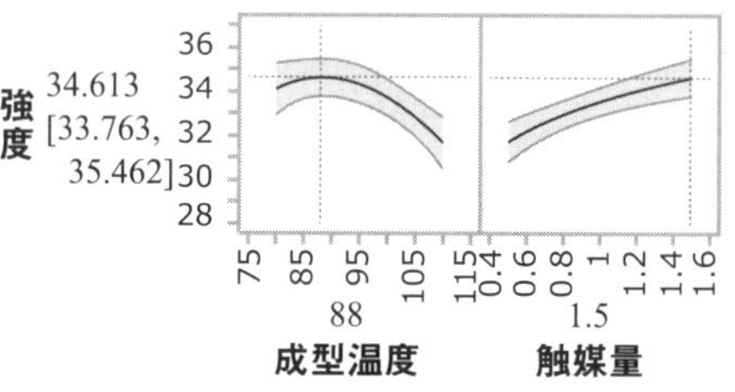

要因	自由度	平方和	平均平方	F_0値	p値
アレニウス温度	1	10.5	10.4897	9.91	0.0053
対数触媒量	1	15.5	15.5011	14.65	0.0011
交互作用	1	16.3	16.3422	15.55	0.0009
アレニウス温度2次	1	10.4	10.4305	9.86	0.0054
誤差	19	20.1	1.0584		
全体	23	58.5			

図1.8 因子に変数変換を施したモデル

7) アレニウス変換とは，物理の反応速度論ではよく知られた変換式である．温度(摂氏)を絶対温度を使ってエネルギーに変換している．信頼性などの寿命予測などでよく使われている．

■どのモデルを選択すればよいか

表 1.2 の 2 因子実験のデータからいくつかの統計モデルを検討しました．では，どのモデルを選択すればよいでしょうか．それにはモデルの良さを表す指標が必要です．指標の 1 つがモデルの寄与率 R^2 です．R^2 はモデルのパラメータ数に影響を受け，パラメータ数が増えれば R^2 も向上します．効果のない因子をモデルに取り込むと誤差の自由度を消耗します．R^2 よりもすぐれたモデルの良し悪しを決める基準がいろいろと提案されています．ここでは，誤差の平均平方の減少度合いに着目して，モデルの良し悪しを判断[8]します．誤差の平均平方が 1 番小さくなるのは 2 つの因子を間隔尺度としたときで，主効果の 2 次項と交互作用を加えたモデルです．

モデルが決まったので等分散性の確認をしてみましょう．因子が同じ条件(繰り返し)で観測された数は 2 つです．**図 1.9** は予測値と残差の散布図です．残差は ± 2 の内に収まっていて，特に大きく飛び離れた打点はないので，等分散性は満たされていると判断します．2 つの母平均を比較する検定と異なり同一条件の観測値の数は少ないので，**図 1.9** のようなグラフを作り視覚的に判断します[9]．

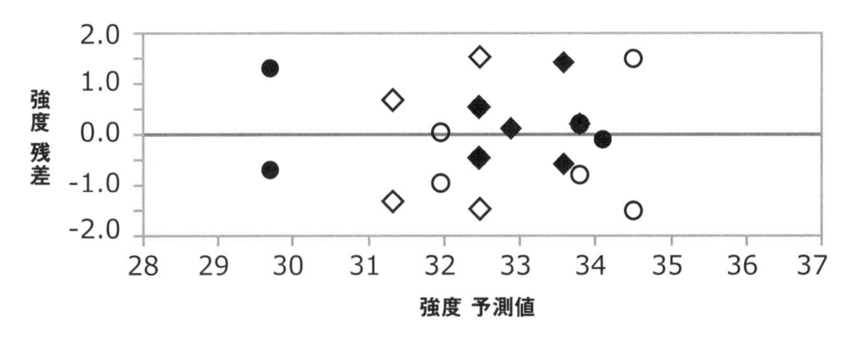

図 1.9　予測値と残差の散布図

8)　重回帰でのモデルの良し悪しは寄与率 R^2 ではなく，自由度を調整した自由度調整済寄与率 R^{*2} が使われる．ここでは誤差(残差)の平均平方と R^{*2} の関係から，誤差(残差)の平均平方を指標として使った．なお，$R^{*2} = 1 - V_e/V_T$ である．ここで，V_e は誤差の平均平方，V_T は目的変数の平均平方である．

目からウロコ 1.3：　複数のモデル候補を考える多変量解析

多変量解析では説明変数(あるいは因子)が複数あるので，データ分析のプロセスのなかでいろいろなモデルを試してモデル選択する必要があります.

9)　等分散性の検定は LoF やバートレット検定，コックラン検定などがある．それらの内容は本書の程度を超えているので割愛した．実務では，予測値と残差の散布図の状況から不等分散性を判断すればよい．不等分散が問題視されるのは，多くの場合，予測値が大きくなると残差も大きくなる場合である.

第2話　重回帰分析—アイドルはつらいよ

重回帰分析は多変量解析のなかでも昔から最も使われる予測法で，いつの時代でもデータ分析界のアイドルです．重回帰は**線形結合**(足し算)によるモデルなので，見かけは大変わかりやすい方法です．しかし，重回帰分析を使った事例のなかにはモデルの前提を知らずに誤用したものがあります．本章では重回帰分析で待ち構えているデータ分析の落とし穴とその処方箋を紹介します．

2.1　高度に有意は薔薇の棘

最初の落とし穴は**無相関**($\rho = 0$)の検定や**回帰係数**($\beta_1 = 0$)の検定に関するものです．相関係数をrではなくρ(ロー)，回帰係数をbではなくβ(ベータ)と書きました．これは**有意差検定**の罠に落ちない予防です．有意差検定は手持ちデータを計算した結果の良し悪しを決めるものではなく，**統計量**から**母集団**を推測することです．ここであなたに質問です．

> **質問❶**：「無相関($\rho = 0$)の検定で高度に有意な結果が認められたら，強い相関関係がある」といってよいですか．

私たちは研究成果として変数間に強い関係性を発見したことを証明したいと考えます．それが因果の解明に繋がるのであればなおさらです．そのために有意差検定を頼りにします．このとき，成果を望む感情が私たちを落とし穴に誘います．データ分析では成果の欲求を排し無心で臨むべきです．**質問❶の答えは「ノー」になります．**以下では「標本誤差」「2つの仮説」「検定の考え方」の3部構成で話をします．説明が終わると質問❶の答えがなぜ「ノー」なのかわかると思います．

■標本誤差

観測された値にばらつきがなければ有意差検定は不要です．値がばらつかなければ曖昧さはないからです．現実に観測された値はそれぞれ異なります．理科の実験はよく管理された状態で行われるので「誤差を出さない，誤差は罪悪」と指導されます．実務では「データはばらつくもの」と誤差を認めたうえで，自ら考えた仮説が「誤差に対して有意(義)な違いがある」ことを有意差検定に頼ろうとします．ここで，あなたに2つ目の質問です．

> **質問❷**：誤差はどこで生まれ，どんな性質をもっているでしょうか．

質問❷の前半の答えです．**統計学では「誤差は母集団から，どの要素が標本として選ばれたかにより生まれる」と考えます**．標本は母集団の要素から偶然により選ばれたもの(無作為性)であり，その観測値が固有にもつばらつきを**標本誤差**とよびます．現実の世界でこの前提は，「偶然にデータを集めることなどできない」という反論が予想されますが，これはいったん横に置き，「厳密には正しくはないけれど，そう考えてよい場を作りましょう」という気持ちで目の前の問題に対処します．こうした無作為性にできるだけ応える方法が標本調査法です．

次に，質問❷の後半の答えです．**母集団は確率分布，標本の観測値は確率変数の実現値の性質をもつと考えます**．対象の変数が**間隔尺度**の場合，標本誤差のばらつきに**正規分布**を仮定することは自然です．この仮定の下で，観測値を母集団の共通性を表す部分μ(ミュー)と標本固有の部分である標本誤差ε(イプシロン)に分解します．標本誤差εは平均0，分散σ^2(シグマ2乗)の正規分布に従う確率変数と考えます．標本誤差は「混ぜるな！危険！」が基本です．標本誤差に他の変数の影響が含まれていないか，時間的な傾向が含まれていないか，他の集団が混ざっていたりしないかを調べることが大切です．以下に観測値の前提をまとめます．

観測値の前提：母集団から無作為(確率的)に選ばれる

- 観測値(y)＝母平均(μ)＋標本誤差(ε)
- μは観測値の共通性を表す代表値で母集団の期待値
- εは平均0，分散σ^2の正規分布から得られた確率変数
- μとεは未知で標本から推定される値

■2つの仮説

観測値の前提がわかったところで，有意差検定の登場人物を紹介します．主役と敵役です．敵役は検証したい仮説の邪魔をする母集団です．有意差検定ではドラマと同様に主役よりも敵役が重要です．敵役の名は**帰無仮説**H_0，主役の名は**対立仮説**H_1です．ドラマの敵役は屈強ですが最後に主役に切り捨てられます．有意差検定も敵役は切り捨てられる運命にあります．それが「無に帰する仮説」といわれる由縁です．

無相関($\rho=0$)の検定でも2つの仮説を用意します．相関係数は2つの系列の標本誤差の共通性を表す指標です．2つの系列の標本誤差に共通性がまったくなければ，標本誤差は原点(0, 0)を中心に4つの象限にまんべんなくばらつきます．標本誤差は正規分布に従うので，原点(0, 0)から四方八方に離れれば離れるほどデータの数が少なくなります．この状態がH_0で母相関係数は$\rho=0$です．しかし，**標本抽出**の影響で手持ちデータの相関係数を計算したら$r \neq 0$が得られるかもしれません．別の言い方をすれば，相関係数rは平均的に0が期待できるのですが，実際には標本ごとに多少ばらつくものだと考えるのです．H_0では検証したい仮説の効果は見掛け倒しで，すべては標本抽出の際に生まれるばらつきの仕業であると考えた仮説です．一方，主役の母集団は仮説どおり，「効果は認められる($\rho \neq 0$)が標本誤差に邪魔されて真の大きさがわからない」というものです．

以下は，H_0とH_1のキャスティング例です．

有意差検定のキャスティング例

- H_0：母集団のばらつきは偶然によるもので，それは正規分布に従う確率変数の仕業です.
- H_1：母集団のばらつきは，検証したい仮説を説明する統計モデルと正規分布に従う確率変数の和で表現されます.

■検定の考え方

仮説を決め標本を選び，観測値が得られたら有意差検定をします．ここで有意差検定が正しく行われても陥りやすい罠(過誤)が2つあります.

有意差検定の2つの罠(過誤)

- 過誤❶：「仮説が間違っているのに，正しい」と信じること
- 過誤❷：「仮説が正しいにもかかわらず，闇に葬る」こと

この2つの過誤をゼロにはできませんが，できるだけ小さくすることを考えます．ここで，敵役 H_0 と主役 H_1 の出番です．多くの場合，H_0 は非現実的で検証したい H_1 とは**排反**なものです．敵役 H_0 の可能性は標本誤差に比べて効果は何倍あるかで判断します．有意差検定は効果と標本誤差の比です．概念的に書くと，以下のようになります.

$$\frac{\text{効果の大きさ}(H_1)}{\text{標本誤差の大きさ}(H_0)} \tag{2.1}$$

この値が得られる確率で H_0 からの乖離を判断します.

目からウロコ 2.1：有意差検定3段階

① ターゲットとする母集団(≒判断対象)を決めます.

② 母集団を代表する標本を無作為抽出します.

③ 有意差検定を行い，固有の技術を加えて結論を述べます.

(前提1)：標本抽出の際に生じる誤差を確率変数として扱う.

(前提 2)：p 値は当該データの帰無仮説 H_0からの乖離を表す.
(前提 3)：検定結果は研究目的の効果の強さに言及しない.

(2.1)式の値が大きいとき,「H_0の可能性が弱まり, 逆に H_1の信憑性が高まった」と判断します. 判断基準をいくらにするかは H_0にふさわしい**標本分布**(カイ 2 乗分布・t 分布・F 分布)の確率(p 値)にもとづいて計算します. 有意差検定は,「仮に効果がまったくないとした状況を考えたときに, 選ばれた標本が観測された値をとることは稀である」という, H_0からの乖離(例えば(2.1)式)から計算された確率を使って証明する一種の背理法です. 慣習的に有意差の判定に使われる確率は 5%です. p 値が 5% を下回った場合に有意な差が認められたとして, H_1を**採択**します. さらに, p 値が 1% を下回った場合には「**高度に有意**である」といいます. この「高度に」という言葉が誤解の源です.

「高度に」とは「H_0を**棄却**した場合に読み誤る可能性が極めて小さくなったこと」を表す言葉です. 残念ながら,「高度に有意」は相関の強弱を意味する言葉ではありません.「H_1：**母相関係数**は ρ =0 でない」が強く推測できただけです. H_1は 0 でない相関係数の値がいくらであるかは責任をもちません. 相関の大きさが固有の技術に照らし合わせて意味のあるほど強いかどうかを決めるのは統計学を使う人の責任で, 統計学の責任[1)]ではないのです.

2.2 相関のさじ加減

標本数 n が大きくなればなるほど母相関係数 ρ の推定精度は向上します. 得られた推定値の絶対値が 0 に近い値でも, 0 ではないことを言いやすくなります. **図 2.1** 右の散布図を見てください.「x と y に相関関係がある」と感じますか. x と y はともに正規分布に従う確率変数で,

1) 有意差検定については古くから議論がなされており, 解釈をめぐって誤解も多い. 例えば, モリソン・ヘンケルらが編集し, 1980 年に梓出版社から訳本が出版されている『統計的検定は有効か』では, さまざまな角度で問題提起が行われている.

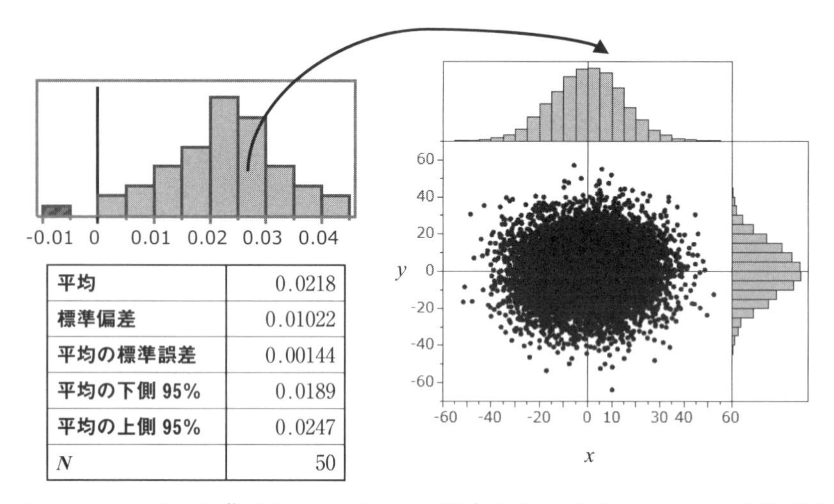

平均	0.0218
標準偏差	0.01022
平均の標準誤差	0.00144
平均の下側 95%	0.0189
平均の上側 95%	0.0247
N	50

図 2.1　ρ=0.02 の母集団から n=10,000 の標本を 50 回抽出して計算した相関係数のヒストグラム(左)と r=0.026 の散布図(右)

母相関係数 $\rho=0.02$ から得られた $n=10,000$ の標本の観測値です．標本の相関係数は $r=0.026$ です．**図 2.1** 左は同じ母集団から $n=10,000$ の標本を 50 回抽出して得られた相関係数のヒストグラムです．相関係数が 0 の位置に垂線を引いています．ここで，ヒストグラムの中心から 0 の値は小さい側に大きく外れています．直感的に「この集団の母相関係数は $\rho=0$ ではない」と感じるでしょう．

このとき，有意差検定はどのような答えを出すでしょうか．無相関の検定で用いられる統計量は(2.2)式で求める t_0値です．t_0値は母相関係数が $\rho=0$ の母集団から n 個の標本を取り出して相関係数 r を計算したら，その値は標本誤差(相関係数の標準偏差)の何倍になるかを計算したものです．なお，添え字の 0 は帰無仮説 H_0の下で計算した値であることを示しています．

$$t_0=r/\sqrt{(1-r^2)/(n-2)} \tag{2.2}$$

(2.2)式で表される t_0値は $\rho=0$ の下で自由度 $\phi=n-2$ の t 分布に従うことが知られています．**図 2.1** 右の散布図のデータから得られた $t_0=2.60$ 以上の値が得られる確率を計算すると p 値$=0.009$ となり高度に有意です．高度に有意ですが，**図 2.1** 右の散布図を見れば誰も強い相関関係があるとは信じないでしょう．

では，相関係数を使った共通性の大きさをどう考えればよいでしょうか．相関係数の絶対値を使った経験的な指針[2)]があります．その指針を参考に筆者がまとめ直したものが**表 2.1** のガイドです．ガイドですから切りのよい数字を強弱の分類境界にしました．**図 2.2** を見てください．横軸は相関係数 r が 5% 有意となるために必要となる標本数 n の対数をとったもので，縦軸は r の絶対値の対数をとったものです．**表 2.1** では「相関がほとんどない」という強さの境界は $|r|=0.2$ です．0.2 が 5% 有

表 2.1　相関の強さのガイド

相関関係の強さ	ほぼない	弱い	中程度	強い	非常に強い
相関係数の絶対値	← 0.2 →	← 0.4 →	← 0.6 →	← 0.9 →	
5%有意となるために必要な標本数 n	← 100 →	← 50 →	← 10 →	← 5 →	

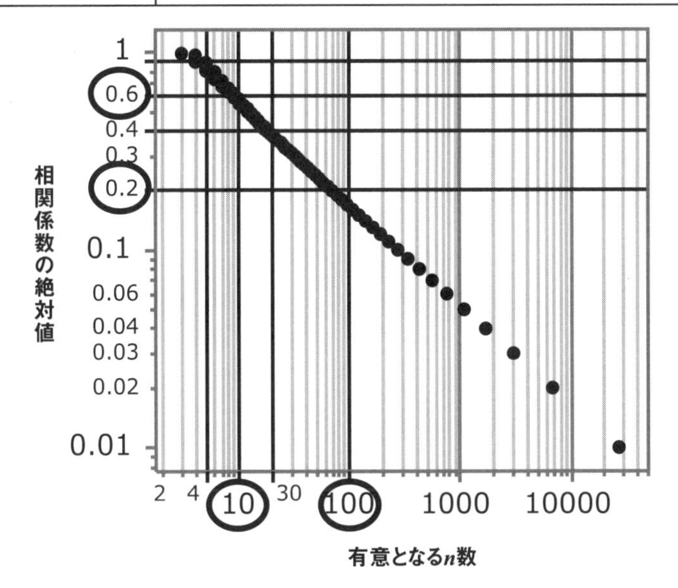

図 2.2　母相関係数 ρ の有意差検定で有意となるために必要な n 数

2)　例えば，慶應 SFC データ分析教育グループ 編(2008)：『データ分析入門(第 7 版)』(慶應義塾大学出版会)などに記述がある．

意となるために必要な n 数は，ほぼ100です．弱い相関と中程度の相関の境界は $|r|=0.4$ で，0.4が有意となるために必要な n 数はほぼ50です．さらに，中程度の相関と強い相関の境界は $|r|=0.6$ で，0.6が有意となるために必要な n 数はわずか10です．最後に，強い相関と非常に強い相関の境界は $|r|=0.9$ で，0.9が有意となるために必要な n 数はたった5です．つまり，ガイドが示す境界が有意となるために必要な n 数はほぼ100・50・10・5と切りのよい値になっています．データ分析者は，「どのくらいの n 数があれば有意になるか」という視点でも，相関の強さを意識する感覚をもつとよいでしょう．

ところで，ビッグデータから求めた相関係数 r を使って有意差検定をすると，n が巨大ですから $-1 \leq r \leq 1$ のほぼ全域で有意差が認められます．このため，有意差検定の実質的な価値はなくなります．このことから，「統計学はビッグデータでは使えない」という人がいます．それは極端な物言いです．母集団のほぼすべてを網羅するような標本数 n があれば，有意差検定をするまでもないのです．

目からウロコ 2.2：実務で役立つ相関の境界は経験則

① 意味のある相関係数の境界は扱う問題や分野により異なりますが，いずれにせよ有意差検定では判断がつきません．

② 実務で意味のある相関の境界を考えるヒントを，5%有意となるために必要な標本数と対応して考えるのも一手です．

無相関の検定の話をしましたが，回帰の傾き($\beta_1=0$)の検定も状況は同じです．ただし，**母回帰係数** β_1 の推定値 b_1 は回帰に用いる変数の測定単位に依存します．測定単位の影響を取り除くには変数を標準化した後の β_1^* を用います．単回帰の場合は β_1^* の推定値 b_1^* は相関係数に一致するので，**表2.1** のガイドをそのまま適用できます．説明変数を複数扱う重回帰は $\beta_i^*(i=1,\ 2,\ \cdots,\ p)$ の推定値の絶対値が1を超える場合があるため，**表2.1** のガイドをそのまま使えません．説明変数間の相関も考慮する必要があるので，単純にガイドで示すことができないのです．

2.3　判断対象にはご用心

本節では分析の仕込みに隠された罠を紹介します．例としてリオ・オリンピック（2016 年）の 10 種競技のデータを使います．**図 2.3** は 110m ハードルと 400m 走との散布図です．興味のあるデータがあれば最初に変数間の関係をグラフにしたり，統計量を求めると便利です．**図 2.3** の散布図に描かれたような楕円を**信頼率 95%の確率楕円**といいます．確率楕円は変数組 (x, y) を正規分布に従う確率変数として扱ってよい場合に，相関を考慮して平均的に個体の 95% が発生する領域を楕円で囲んだものです．ここで，あなたに質問です．

> **質問❸**：図 2.3 の散布図から何が読み取れますか．
> **質問❹**：この散布図から何を推論したらよいでしょうか．

統計的方法では個体の差異を考えることよりも，個体が属している集団全体の特徴を推論します．判断対象を深く考慮せず，あるいは判断対象と母集団の区別もせず，漠然と母集団を考えていませんか．母集団とは，判断対象のもついろいろな特性と判断対象から標本を取り出すとき

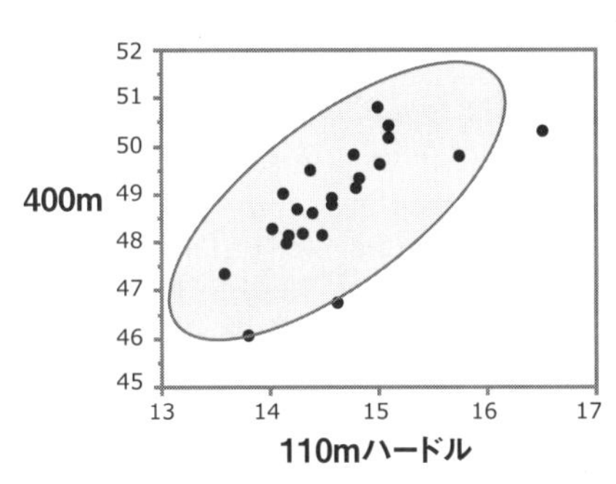

変数	平均	標準偏差	相関	p 値	数
110m ハードル	14.617	0.6330	0.708	0.0002*	23
400m	48.866	1.1780			

図 2.3　リオ・オリンピックの 10 種競技の散布図の例

の取り出し方まで考えに入れたものです．質問❸と❹の答えを出す前に，**図 2.3** の母集団は何かを考えてみましょう(答えは p.34)．

■判断対象は幽霊の集団？

データ分析に限らず，マーケティングでも最初にターゲット(対象)を明らかにします．**図 2.4** はマーケティングの市場分類の考え方を参考にして，母集団のレベルを表したものです．

図 2.4 に示した考え方に沿って，**図 2.3** の散布図の元になったリオ・オリンピックの 10 種競技データの母集団を定義してみましょう．

(A)　単なるただ 1 回の競技結果
(B)　同じメンバーで繰り返し競技が行われるとした場合
(C)　リオに限らず他のオリンピック大会の記録を考慮した場合
(D)　あらゆる競技会まで拡げた場合
(E)　競技者だけでなく一般成人男性も対象にした場合

図 2.3 の散布図は(A)～(E)のどの母集団から得られたと考えるのが妥当でしょうか．

(A)を想定した場合は手持ちのデータが集団そのものですから分析の目的は要約です．「リオ・オリンピックの 10 種競技の結果から，110m ハードルの成績が良かった選手は 400m 走の成績も良かった」ということです．相関係数 0.71 は便宜的に相関の強さを求めたもので，無相関の検定や確率楕円の描画は不要です．(B)の想定は仮に同じ競技者で何

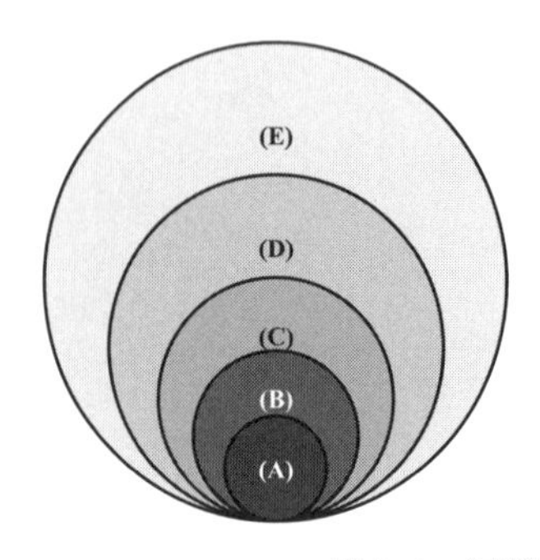

(E)手持ちの個体は巨大な集団の一部の要素，
複数の母集団で構成されているため層別が重要

(D)手持ちの個体は母集団の一部の要素，
母集団から無作為に要素が抽出される

(C)手持ちの個体は母集団の一部の要素，
ある条件に合致した要素だけが観測される

(B)手持ちの個体がすべての要素，
しかし，要素ごとに観測値に誤差が加わる

(A)手持ちの個体がすべての要素でかつすべての観測値

図 2.4　仮説検証で想定する母集団のレベル感

度も競技を繰り返すというものですから，リオ以外のオリンピックゲームの推測には向きません．普遍性のある推測ではありませんから，データ要約が主目的です．(C)の想定は競技者が変わったとしても，オリンピックに出るようなアスリートであれば，オリンピックごとに110mハードルと400m走の相関構造が大きく変わることはないとする考え方です．相関構造が大会ごとに変わらないという前提ならば推測に意味があります．選手は偶然に選ばれるものではありませんが，選手それぞれを母集団の要素であり確率変数として扱おうとする立場です．(D)と(E)を母集団に想定して，そこから標本として得られたデータで**図2.3**を作ったと考えることは無理があります．この散布図は一流アスリートだけの散布図なので，母集団の中で特別な(とびっきり偏った)要素を選んで散布図を描いたことになるからです．

■選択バイアスの罠

バイアス効果は，第二次世界大戦当時の米軍の爆撃機についての話が有名です．爆撃機の防御性を高めるために，戦場から帰ってきた爆撃機の被弾箇所を調べた人がいました．「たくさん被弾した箇所を強化すれば無事に帰還する爆撃機が増えるだろう」という意見が出たからです．しかし，この方法に異を唱えた人がいます．その人こそが統計学者のワルド[3)]です．彼は「被弾していない箇所を調べろ」と言ったのです．「調査対象の機体は基地に無事に戻れたのだから被弾箇所は致命傷ではない」ということです．致命傷となった箇所は被弾し帰還した機体の被弾していない箇所にあると推測できます．そのため，ワルドは「防御上の弱点を調べるには帰還した機体の被弾していない箇所を調べよう」と言ったのです．

データから得られた結論を，そのデータの背景となる母集団について何の考えもなく鵜呑みにしてしまうことを「選択バイアスの罠」といい

3) エイブラハム・ワルド(1902〜1950)はルーマニア出身の米国人で，数学者・経済学者・統計学者．ワルド検定(1939)で有名．若くして飛行機事故で亡くなった．この逸話は選択バイアスの罠として有名である．

ます．このような罠は，今でもよく見られます．インターネットニュースによくあるアンケート調査の結果やレポートを読む場合は，そのもととなるデータが対象とする母集団についても気を配る必要があるのです．

■第3の男を探せ

図2.3の散布図に確率楕円を描画して解釈できる範囲は，少しおまけをして(C)を母集団と考えた場合です．そして，(C)を母集団に想定した場合，質問❸の答えは**「110mハードルと400m走には強い正の相関が認められる」**となります．また，質問❹の答えは**「110mハードルと400m走の強い正相関は選手の走力の違いによるものと推論できる」**といったものになります．

私たちは母集団を意識せずに分析を行い，考察をしているかもしれません．2変数の正しい相関構造を発見するには，他の変数の影響を取り除いて，正規分布に従う確率変数として扱ってよい状態にまで磨き上げておく必要があります．2つの変数の背後に第3の変数が隠れていて，第3の変数の影響で相関関係が現れたり，相関関係が消えたりするからです．第3の変数とは対象としているx，y以外の変数という意味で，複数の変数が影響している場合もあります．罠に落ちないためにも，得られた散布図がもつばらつきは，対象としている2つの変数以外にどのようなものが考えられるのか整理してみることが重要です．

目からウロコ2.3：第3の変数による相関分析に潜む2つの罠

無相関($\rho=0$)の検定が正しく行われ，有意差検定の2つの過誤に対する対処が正しく行われたとしても，そこには以下のような2つの罠が待ち受けているので要注意です．

罠❶：「変数間に実質的な相関がないのに，第3の変数の影響により相関がある(**擬似相関**)」と読み誤ること

罠❷：「変数間に実質的な相関があるのに，第3の変数の影響により相関がない」と読み誤ること

2.4 回帰という名こそ落とし穴

辞書を引くと「回帰とは元に戻ること，初期の段階に戻ること」と定義されています．しかし，統計学で使われている回帰は辞書で定義されている意味とは異なります．回帰という言葉は進化論で有名なダーウィンのいとこであるゴルトンが命名したものです．彼は当時，子供の背の高さと両親の平均の背の高さの関係を研究しており，「親の背が高いと子の背が高く，親の背が低いと子も背が低いが，子の背の高さは概して平凡(平均)に収斂する」ということを観察で確認していました．ここでは話を簡単にするために，ゴルトンの論文の引用ではなく，JMP のサンプルデータのなかにある 952 組の親子の身長のデータである Galton を例に話を進めます．目的変数 y は子の身長で，説明変数 x は両親の平均身長です．**図 2.5** 左は親子の身長の散布図に回帰直線を引いたものです．散布図上の破線は $y=x$ という直線です．また，水平線は y の平均線 $\hat{y}=\bar{y}$ で，右上がりの直線が以下のようになる回帰直線です．

$$\hat{y}=26.46+0.61x \tag{2.3}$$

(2.3)式の回帰直線は「回帰の傾きが 1.0 より小さい」ことが読み取れます．つまり，直線 $y=x$ よりも傾きが緩やかなので見た目から直線 $y=x$ よりも平均線 $\hat{y}=\bar{y}$ に近いから，平均への回帰が起きていると考えられます．このため，回帰直線の傾きの解釈として，「両親の平均身長

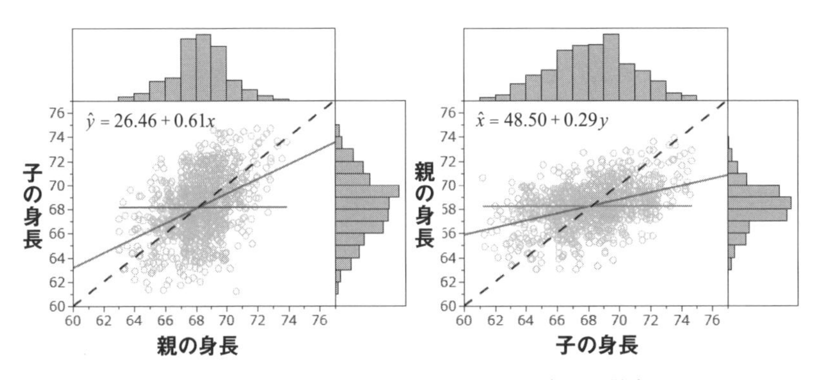

図 2.5 Galton の親の身長の平均と子の身長の散布図

が全体の平均$\bar{x}$より1インチ高くても，その子供の身長は平均$\bar{y}$を1インチ上回ることはない」と推察できます．ここで，あなたに質問です．

> **質問❺**：**図 2.5** 左のグラフの結論として，「子の背の高さは平均に回帰する」と考えてよいでしょうか．

質問❺の答えです．**直線 $y=x$ よりも傾きが緩やかなのは，問題の特質とは関係なく数理上の問題です．** 直線の傾きから平均に回帰すると解釈すること自体が誤解なのです．子の身長が親の身長に平均回帰するのであれば，やがて人はみな同じ身長に近づくのかもしれません．逆に，先祖は今よりももっと身長のばらつきが大きくなければなりません．そこで，子供の身長 y から親の身長 x を予測しましょう．**図 2.5** 右を見てください．こちらも回帰直線や平均線などを引いています．直線の傾きが 0.29 とさらに平均回帰しています．どうでしょう．先の推論と矛盾していませんか．また，結果 y を原因で予測する場合，相関が弱くなるに従い，回帰直線の傾きは緩やかになります．「平均回帰が強いほど相関は弱くなる」というややこしい話になります．本節冒頭のように辞書にある一般的な回帰の意味と統計学で使う回帰の意味はまったく異なるというわけです．

Galton データの回帰分析で起きた現象は，x と y が 2 変量正規分布に従う際にいくつかの状況で起こり得る計算上の仕業であり，回帰という名前から連想される落とし穴です．

このような結果になる理由を簡単に示します．回帰の傾き係数は，

$$b_1=S_{xy}/S_{xx} \tag{2.4}$$

で求めることができます．このとき，x の平方和 S_{xx} と y の平方和 S_{yy} がほぼ等しければ，相関係数は，

$$r=S_{xy}/\sqrt{S_{xx}S_{yy}} \fallingdotseq S_{xy}/S_{xx} \tag{2.5}$$

となるので，$b_1 \fallingdotseq r$ です．相関係数の絶対値 r は 1 を超えることはないから，回帰の傾きも 1 を超えることはないのです．

目からウロコ 2.4：回帰という名の落とし穴

一般的に使われる回帰と統計学で使われる回帰の意味は違います．

・一般的な回帰：元に戻ること，初期の段階に戻ること(退化)
⇒相関関係が弱いと平均への回帰が強くなります．

・統計学の回帰：説明変数を使って目的変数を説明する直線
⇒強い回帰関係がある場合に相関係数を計算すると強い相関関係が認められます．

回帰の傾きの解釈は「平均への回帰」の罠に陥らないようにしましょう．

2.5　意外と知らない回帰の作法

本節では意外に軽視されている回帰分析の手順を確認します．回帰分析では，以下の⓪～⑥という手順を踏みます．

回帰分析で踏むべき 7 つの手順

⓪　観察：研究対象をしっかり眺めて事実を見極めます．
①　探索：事実を冷徹に眺めて仮説を発見します．
②　計画：仮説検証のためのデータ収集と分析の計画を立てます．
③　実施：計画に沿ってデータを集めます(無作為標本抽出)．
④　分析：2 変量の関係を探索するために回帰分析を活用します．
⑤　考察：回帰分析の結果が普遍的か限定的かを判断します．
⑥　行動：得られた結論にもとづいて行動し実証します．

現実には仮説を発見する前にデータは集まっており，無作為にデータが集められたかどうかもわからないことが多々あります．他人が収集したデータを分析することも多いでしょう．分析者が仮説検証のために管理して集めたデータではないので個体それぞれの素性は多種多様です．

このようなデータでは判断対象を母集団にして確率的に扱うことに問題が起きることがあります．回帰の前提や手順から外れた分析になっている場合は，「回帰の誤用」と指摘を受けることがあります．

以下では，リオ・オリンピックの10種競技データを例に，上記⑤の考察と⑥の行動に潜む落とし穴を紹介します．

■円盤を遠く投げても無駄なのか

「目からウロコ2.3」(**2.3節**)とも密接にかかわる罠を紹介します．

図2.6に示した散布図はリオ・オリンピックの円盤投げと得点との関係を調べたものです．散布図に引かれた直線が平均線$\hat{y}=\bar{y}$で，破線が(2.6)式の回帰直線です．回帰直線に対して対称に引かれた曲線に囲まれた部分が網掛けされています．網掛け部分が**信頼率95%の回帰直線の信頼区間**です．この信頼区間は，特定の説明変数x_*に対応する目的変数yの期待値(x_*を条件にしたときに得られるyの母平均)が$100(1-\alpha)$%の信頼度で含まれる領域です．私たちが回帰の信頼区間と考えが

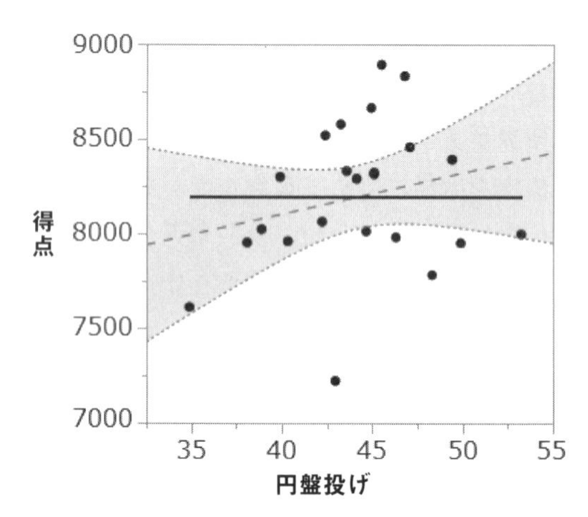

変数	平均	標準偏差	相関	p値	数
円盤投げ	44.217	4.1392	0.230	0.2900	23
得点	8194.5	389.63			

図2.6　円盤投げと得点の散布図

ちな，「同じ条件で母集団から n 個の標本を何度も何度も選び出し，回帰直線を引いたときに，そのうちの 95%の直線が平均的に含まれる領域」は同時信頼領域とよばれ，その領域は回帰直線の信頼区よりやや広く，回帰直線の信頼区間の外側にあります．

$$\hat{y}=\underset{(887.52)}{7235.16}+\underset{(19.99)}{21.697}x,\quad R^2=0.053\quad (F_0=1.18, p=0.29) \tag{2.6}$$

$\hat{y}$：得点 y の推定値，x：円盤投げの成績

(2.6)式には母回帰係数の推定値と**寄与率** R^2などの統計量も一緒に示しています．寄与率 R^2は y のばらつきを回帰式でどれだけ説明できているかを表す値で 0〜1 の値をとる指標です．単回帰分析の場合は相関係数の 2 乗 r^2が寄与率 R^2となります．また，F_0は帰無仮説 H_0の下で，回帰の効果の分散と回帰で説明できない部分の分散との比を計算したものです．この F_0値が自由度 1 と自由度$(n-2)$の F 分布に従うことを利用して，p 値を計算します．結果は $F_0=1.18$ で p 値$=0.29$ であり，有意差があるとはいえません．回帰式の推定値の下の(　)内の数字は**標準誤差**です．推定値を標準誤差で割った値が***t* 値**です．t 値は帰無仮説 H_0の下($\beta_0=0$，あるいは $\beta_1=0$)での乖離を表しています．この t 値を用いて自由度 1 の t 分布を使って p 値を計算します．t 分布は正規分布に標本誤差の影響を加味した分布で，標本分布とよばれる論理的な分布です．回帰係数の傾きの検定($\beta_1=0$)では，

$$t=21.697/19.99=1.09 \tag{2.7}$$

より $p=0.29$ となり，こちらも有意な差があるとはいえません．単回帰分析では $t^2=F_0$の関係があるので，結果は同じになります．

ところで，10 種競技は 10 種類の陸上競技の合計得点で争われるので，直感的には円盤投げの成績と得点との間には強い正の回帰関係が認められるはずです．しかし，**図 2.6** はそう見えません．この散布図には罠が仕掛けられています．散布図に回帰直線を引くと，「有意差が認められないのに回帰直線を引いてよいのか」と言われるかもしれません．また，読み誤れば，「円盤投げの競技は頑張って遠くに投げても無駄」と結論するかもしれません．ここで，あなたに質問です．

> **質問❻**：**図 2.6** ではなぜ回帰係数の傾きの検定で p 値が大きく，有意差が認められなかったのでしょうか．

質問❻の答えです．p 値を大きくした理由は**「縦軸の得点に他の競技の影響が含まれているから」**です．円盤投げの成績と得点の実質的な関係を読み解くには他の競技の影響を取り除く必要があります．残差のなかに他の競技の効果が含まれているので，残差のなかから他の競技の効果を取り除くという作業が必要になります．

どういう処理をすればよいでしょう．その方法の1つが**重回帰分析**です．重回帰分析は説明変数の候補となる複数の変数を使って，目的変数の推定を行います．説明変数の候補という表現をしたのは，**変数選択**(ステップワイズ)という手段を使って候補とした変数の取捨選択を行うからです．取捨選択は予測に役立つ変数を効率よく選ぶためです．変数選択の方法は複数ありますが，本例では変数選択により10種競技のすべてを選択した(2.8)式を採用しました．

$$
\begin{aligned}
\hat{y} = {} & \underset{(119.5)}{8869.1} + \underset{(0.291)}{14.8}x_1 + \underset{(6.734)}{305.2}x_2 + \underset{(0.464)}{20.9}x_3 - \underset{(3.255)}{118.9}x_4 \\
& - \underset{(1.952)}{48.2}x_5 + \underset{(15.53)}{899.0}x_6 + \underset{(1.271)}{60.7}x_7 + \underset{(7.800)}{242.1}x_8 - \underset{(9.797)}{232.9}x_9 - \underset{(0.173)}{6.6}x_{10}
\end{aligned}
\qquad (2.8)
$$

x_1：槍投，x_2：棒高跳，x_3：円盤投げ，x_4：110m ハードル，
x_5：400m 走，x_6：走高跳，x_7：砲丸投げ，x_8：走幅跳び，
x_9：100m 走，x_{10}：1500m 走，$\hat{y}$は得点の推定値

推定された(2.8)式の係数を**偏回帰係数**といいます．なぜ，かたよりを意味する偏という字を使っているのでしょうか．それは，これらの係数は他の変数(つまり他の競技)の影響を取り除いたという条件がついているからです．このことと関連して，(2.8)式の重回帰式を素直に読むと疑問が生まれるかもしれません．それは「異なる測定単位のものを足し算する意味があるのか」というものです．

話を簡単にするために円盤投げと100m ハードルの2つの競技で考え

てみましょう．円盤投げの記録 44.13m と 110m ハードルの記録 14.37 秒を足すことはできません．測定単位が異なるからです．重回帰式は物理的なメカニズムを表した方程式ではありません．例えば，「円盤投げの記録 44.13m と 110m ハードルの記録 14.37 秒の人だけを集めたら得点の平均はいくらか」と考えます．実際は円盤投げと 110m ハードルの記録はどのような組合せが来るのか測ってみないとわかりません．どのような組合せが来ても論理的な推測ができるルールが必要です．そこで，手元にあるデータを使って，得点と推定値の差の 2 乗和が最小となるように，円盤投げの記録と 110m ハードルの記録に掛けるウェイトを定めます．これが**最小 2 乗法**の考え方です．

ところで，本例は競技の記録と各競技の得点が 1 対 1 で対応しているので，円盤投げの記録 44.13m と 110m ハードルの記録 14.37 秒の人だけを集めた得点はばらつきようがありません．重回帰で発生する誤差は記録を得点に変換する際に生じる非線形なルールを線形式で表したときに発生する小さな近似誤差によるものです．つまり，非線形な関係を線形式でどれだけ説明できるかを調べたにすぎません．

目からウロコ 2.5：左辺と右辺で測定単位が違う回帰式

物理の方程式では左辺と右辺の測定単位は同じですが，(重)回帰式では右辺と左辺の測定単位が異なる場合があります．

⇒(重)回帰式では右辺の説明変数の値を条件にしたとき，左辺の目的変数の母平均がどうなるかを推定するための線形式です．

2.6 慣習は前提を消し去る

統計的方法には前提が漏れなくついてきます．例えば，相関係数 r を関係性の強さの指標として扱ってよいのは，背後に 2 つの変数組 (x, y) が **2 変量正規分布**に従う場合です．この分布のパラメータは各変数の母平均 $\mu_j (j=1,\ 2)$ と母分散 σ_j^2 に加えて母相関係数 ρ の合計 5 つです．

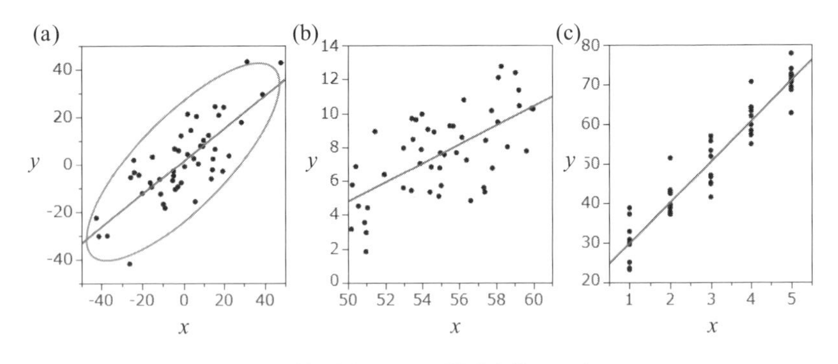

図 2.7 単回帰における説明変数の 3 ケース

このとき，相関係数 r は ρ の推定値 $\hat{\rho}=r$ としての役割が生まれます．

図 2.7 は回帰分析における x の性格の違いを表したものです．**図 2.7** (a)は x と y がともに正規分布に従う確率変数から抽出された $n=50$ の観測値を打点した散布図です．この場合は相関係数 r を関係性の強さの指標とすることに意味があります．また，単回帰式も役立つ場合があります．ただし，(a)の場合はともに結果系の変数が選ばれていることが多く，本当に x で y を推定する意味があるのかを吟味することが必要です．風が吹けば桶屋が儲かる式で単回帰式を解釈しないようにしましょう．観測されていない真の原因が背後にあり，見かけ上の相関(**擬似相関**)が発生しているのかもしれません．

ドイツやオランダではコウノトリが赤ん坊を運んでくるという逸話があります．近年，先進諸国では出生率の低下が問題になっており，その原因はコウノトリの数が減ったからだという人がいます．コウノトリのつがいの数と出生率の相関分析を行ったら有意な正相関が得られたからだというのです．しかし，コウノトリのつがいの数が減ったのは，工業化によりコウノトリの生態系が壊されたことが原因です．また，出生率が減っているのは文明化による価値の変化によるものです．つまり，社会環境の変化が真の原因で，コウノトリのつがいの数と出生率の間に正相関が生じたのです．同様の擬似相関に，貧困率が高い県は甲子園の高校野球の勝率も高い[4]というものがあります．このような擬似相関にはくれぐれも注意が必要です．

図 2.7(b)は x が一様分布に従う確率変数であるとした場合です．y は x に従属する変数なので単回帰式を使った説明を考えます．単回帰式で説明できないばらつき(**残差**)を，標本誤差と同じく正規分布に従う確率変数として扱います．単回帰式が得られたら，本当に残差が正規分布に従っているかどうかを吟味します．(b)は相関係数を関係性の指標にすることに意味がなく，回帰分析で扱う問題です．回帰分析の力を借りて，y のばらつきは x で説明でき，回帰で説明できないばらつきは残差として正規分布で説明できるからです．

図 2.7(c)の x は 5 つの水準で制御されています．各水準でそれぞれ 10 回，y が観測されています．この場合も相関係数を指標に使うことは無意味であり，回帰分析で扱う問題です．(b)と同様に残差が正規分布に従うことを調べます．このとき，(b)と違い，x の水準で残差の分散に大きな違いがないかどうかを調べることも大切です．x の水準ごとに残差の分散が異なる場合があるかもしれないからです．x の水準ごとに残差の分散が異なる場合は，その原因についてメカニズムの解明が必要になります．

図 2.7(a)～(c)で得られた回帰式の使い方を考えてみます．(a)と(b)は予測が目的です．(a)および(b)は現実的に x の制御は難しいから制御に不向きです．(c)は予測にも使えますが，x を使って y を制御することにも使えます．実際のデータ分析では，慣習で回帰分析の問題でも相関係数や確率楕円を併記することがあります．しかし，この 2 つの手法は前提や目的が異なります．本来，回帰分析が扱う問題に相関係数を併記する必然性は小さいのです．

目からウロコ 2.6：回帰に確率楕円は不要

① 確率楕円は 2 変量正規分布に従う確率変数の発生状況をグラフィカルに表したもの(2 変数の直線的強さを視覚的化)．

② 回帰式は目的変数のばらつきから説明変数で表せる部分を

4) 擬似相関の説明例として，廣野元久(2017)：『目からウロコの統計学』(日科技連出版社)から引用した．

数式化したもの(目的変数の推定).
③ 確率楕円と回帰は目的が異なり同時に使う場面は少ない.

2.7 経験からは学べない

TV ではよくスポーツ評論家が「あの場面では勝負に行かずにボール球を投げるべきだった」とか,「あの場面はパスではなくシュートすべきだった」とか解説しています. 枕詞に「結果論ではないけれど,……」をつけることもあります. (重)回帰分析を使った推定も過去の情報を使ってモデルの正しさを誇る場合があります. 以下では過去データを使った予測の落とし穴を紹介します.

■第7惑星を探せ

18 世紀に脚光を浴びたティティウス・ボーデ則[5)]からの教訓です. ティティウス・ボーデ則とは, 当時知られていた太陽系の6惑星(水星・金星・地球・火星・木星・土星)の軌道長半径(太陽からの平均的な距離)が以下の式で表せるというものです.

$$a=4+3\times 2^n \tag{2.9}$$

なお, 本例での距離は天文単位 au = 149597870700m の 10 倍としています. ここで, n の値は水星から 1, 2, …, 6 と割り振るのではなく, 水星は $n=-\infty$, 金星は $n=0$, 地球は $n=1$, 火星は $n=2$, 木星は $n=4$, 土星は $n=5$ と都合よく与えます. この与え方がミソです. (2.9)式で得られた予測式と実際の距離の散布図を**図 2.8** 左に示します. グラフのなかの直線は水星〜土星を使って求めた回帰直線です. (2.9)式で推定に使っているのは惑星の順番だけですから, 物理的に意味があるかなどわかりません. ティティウス・ボーデ則は 1781 年の天王星, 1801 年

5) 1766 年, ヨハン・ティティウスが発見し, 1772 年にヨハン・ボーデが, 著書『星空の知識入門』(第2版)の脚注に物理的説明を加えた形で数列の重要性を書き加えたため, 古くはボーデの法則とよばれていた.

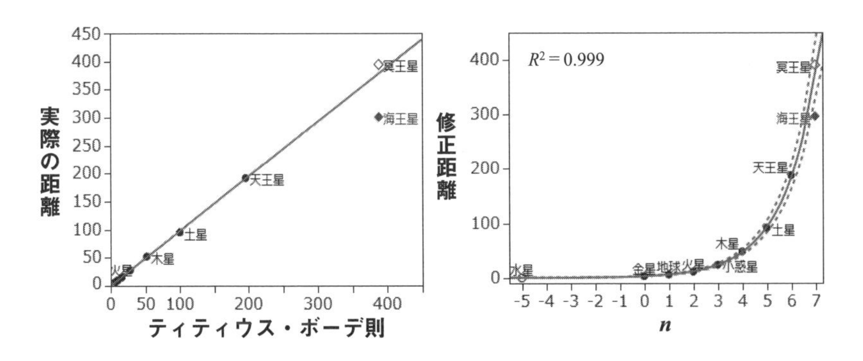

図 2.8　過去データへの当てはめ例

の小惑星(ケレス)[6]発見に繋がり，信憑性が高まりました．ところが1846 年に発見された海王星では(2.9)式では実際の距離からの乖離が大きくなり，急速にこの法則の信憑性が失われました．

ティティウス・ボーデ則を回帰分析の立場で検証しましょう．ここでは，2 つの工夫をします．実際の距離を対数変換する際に，(2.9)式の定数項が邪魔になります．そこで，実際の距離から 4 を引いた修正距離を目的変数とします．次に水星の扱いを考えます．修正距離では水星の値が負になります．加えて，ティティウス・ボーデ則では $-\infty$ として，(2.9)式の第 2 項を 0 に調整しています．このため，水星は対数変換後の回帰分析のデータとして扱うことができません．今回は修正距離を 0.1，順序を -5 にしてみます．さらに，水星は予測モデルには含まずに，得られた回帰直線の上に表示することにします．それ以外の惑星については，ティティウス・ボーデ則と同じ順番を使います．その結果を**図 2.8** 右に示します．**図 2.8** では縦軸は対数尺から実尺に戻しています．対数尺上の直線は実尺では曲線になります．金星から天王星までの修正距離はモデルによく当てはまっています．便宜的に計算した**寄与率** R^2 値も 0.999 です．こうして得られた回帰式は，以下のようになります．

6)　小惑星(ケレス)は惑星ではないが，当時は惑星が何かの原因で破壊されたものと信じられていた．また，冥王星は 2006 年に惑星から準惑星に格下げされた．

$$\ln(\hat{y}^*) = 1.117 + 0.683x \quad (2.10)$$
$$(0.027)\ (0.0076)$$

$\hat{y}^* = 3.06 \times 1.98^x$, $\hat{y} = 4 + 3.06 \times 1.98^x$

$\hat{y}^*$：距離の推定値，$\hat{y}$：修正距離の推定値，x：惑星の順序

この回帰線に海王星と冥王星を乗せると，やはり海王星の実測距離と推定距離の残差は大きいことがわかります．図 2.8 の破線が**個々の値に対する信頼率 95%の両側信頼限界**です．図 2.8 右は実尺なので読み取りにくいですが，海王星は個々の値に対する信頼率 95%の両側信頼限界外です．天王星までの残差は ± 4 以内ですが，海王星の残差は − 63.7 もあります．回帰式が手元のデータへの当てはまりがよくても，データ範囲外の予測は期待したような結果が得られるとは限りません．

■ GDP を予測せよ

上記の例は目的変数に変数変換を行うという技法を使っていますが，それ以外は特別なことをしていません．ソフトウェアのバグ成長曲線や在庫予測，経済動向などの現実的な問題でも，このように根拠に乏しい予測モデルが使われています．

例えば，我が国の GDP の伸び率の推定を考えます．**図 2.9** の横軸は 1976 年～2014 年の実年を，縦軸は GDP 指数[7)]を打点したものです．

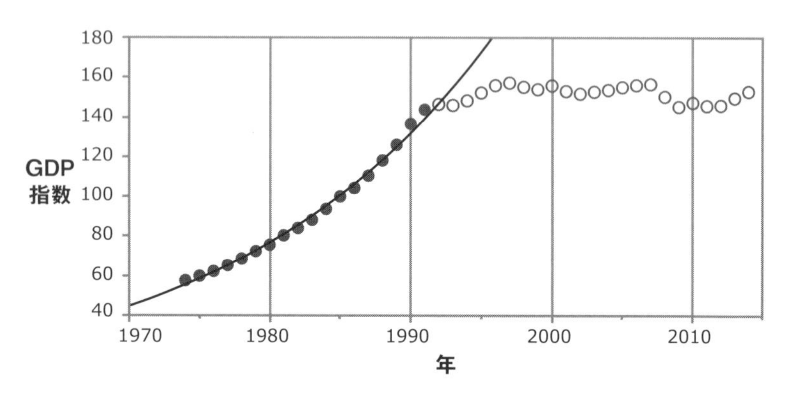

注） ●が 1991 年以前，薄い○が 1991 年以降のデータとなる．

図 2.9　GDP 指標の推移

1991年の時点で今後のGDP指数を推定するには，**図2.9**の曲線で示した右肩上がりの曲線(対数をとれば直線)を使います．以下の(2.11)式で表される曲線の寄与率は$R^2=0.996$もあり，当てはまりがよいように思えます．まさに成長戦略の具現化です．

$$\text{GDP指数}=\exp(-102.59+0.054\,\text{年}) \tag{2.11}$$

しかし，1991年の途中にバブルが弾けると様相は一変します．GDPの伸びが急停滞したのです．今の私たちは，(2.11)式の予測式を「なんておバカな予測だろう」と結果で判断しがちです．回帰分析の予測は過去のデータを使って将来を予測するのですから，データ構造が変われば予測は外れます．そのため，予測では母集団のデータ構造が変化していないかどうかを注意して観察することが大切です．予測の差異が出てからではなく，新たなデータが得られたら，絶えずその値を使ってモデルを更新していくという態度が必要かもしれません．

目からウロコ2.7：(重)回帰式は過去のデータにもとづいた予測

① 予測に使うのは過去データ(過去から将来の推定や予測をします)．

② 扱うデータの範囲外は同じデータ構造である保証はありません．データ構造が異なれば重回帰の予測式はあてになりません．

③ 予測や推定を確かにするには新たなデータが得られたら(重)回帰モデルを更新することも大切です．

2.8 厄介な似たもの同士

我が国はストレス過多で自殺率が高い国として知られています[8)]．**図**

7) 本例のGDP指数は，政府が公表しているe-Statのデータ(1974年～2014年)から筆者が1985年を100として各年のGDPはいくらになるかを計算したものである．

8) WHO(2014)；Preventing suicide, a global imperativeによれば，日本の自殺率は世界で第9位にランクされた．人口10万人当たり23.1人であった．

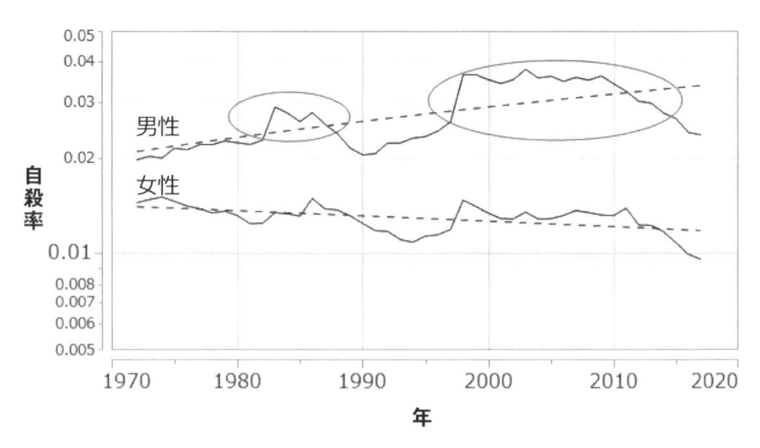

図 2.10 男性と女性の自殺率の推移

図 2.10 は1972年〜2017年までの男女別の自殺率の推移です．破線は男女別に回帰直線を引いたものです．女性の自殺率は減少傾向が，男性の自殺率には上昇傾向があるように見えます．よく見ると，男性には1982年〜1988年と1996年〜2015年に自殺率が増えた時期があります．その期間は図中の楕円で囲った部分になります．

一般的に「男性は失業や離婚，あるいは病気といった人生の悲劇に見舞われると，失意から自殺に追い込まれやすい」といわれています．それを確かめるために自殺率に関係しそうな項目を選び，相関の様子を調べたものが，**図 2.11** の散布図行列です．図中では，1972年〜1997年を○で，1998年〜2011年を●で，2011年〜2017年を◇で，3つに区別しています．男性の自殺率Mと相関が非常に強いのは男性失業率(失業率Mと表示)の0.92，離婚率の0.90です．一方，女性は自殺率Wと離婚率に負の弱い相関関係−0.23が認められました．「女性は離婚することで夫のストレスから解放される」という解釈もできるかもしれません．ここで，あなたに質問です．

> **質問❼**：「男性の失業率と男性の自殺率との相関は非常に強い($r=0.92$)」という結果を素直に受け入れてもよいでしょうか．

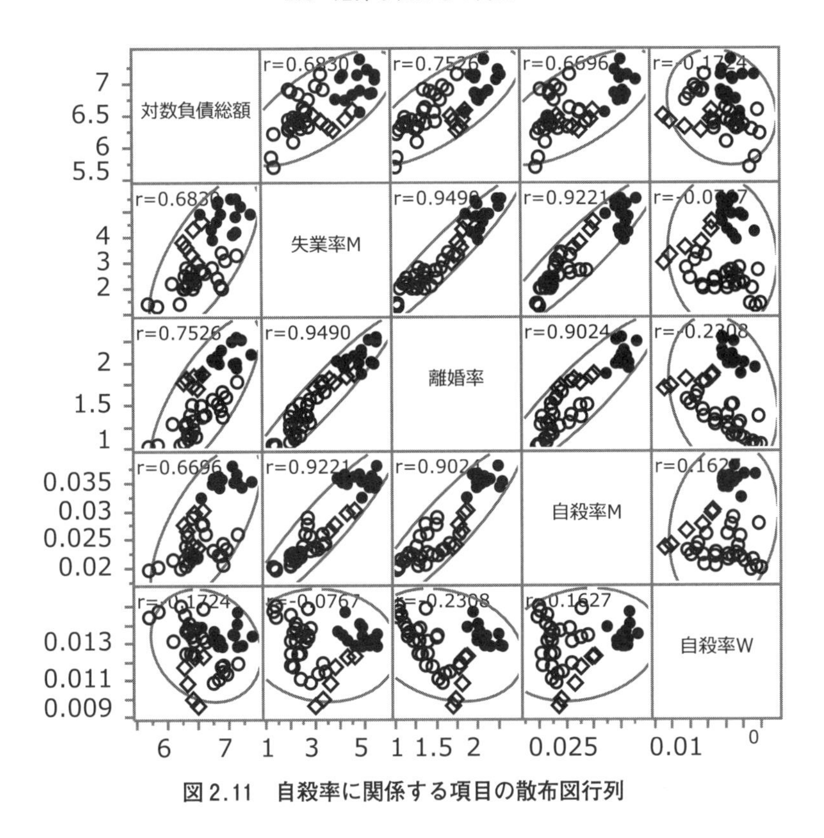

図 2.11　自殺率に関係する項目の散布図行列

確かに，相関係数($r=0.92$)から両者は非常に強い正相関が認められます．男性にとって離婚は自殺するリスクが非常に高いものと考えられるかもしれません．しかし，自殺率のなかには未成年者など婚姻経験のない人，既婚者だが離婚していない人も含まれています．**この結果からただちに質問❼にあるような結論を述べることは大変危険です．**婚姻者のうち1年間で離婚した男性とそうでない人を分けて，その年の自殺率を比較しないと本当のところはわかりません．また，1年間という区間のとり方も工夫が必要です．失業率と男性の自殺率の非常に強い正相関にも同じ臭いがします．同様の理由から，離婚率と女性の自殺率には弱い負相関が認められるからといって，「女性は離婚することで夫からのストレスから解放される」という解釈も怪しい気がします．

■強いもの同士を選ぶと弱くなる

これらの変数を使って男性の自殺率を推定するのは気が引けますが，男性の死亡率の予測に役立つ重回帰式を求めましょう．**図 2.11** で使った変数をすべて使って，重回帰式を求めたところ，以下の式が得られました．

$$\hat{y} = -0.0181 + 0.0138x_1 + 1.7585x_2 - 0.0002x_3 + 0.0006x_4 \quad (2.11)$$

$$(0.0049)\ (0.0020)\ \ (0.1691)\ \ (0.0008)\ \ (0.0005)$$

x_1：離婚率，x_1：女性の自殺率，x_3：対数負債総額，

x_4：男性の完全失業率，y：男性の自殺率

(2.11)式だけで得られた重回帰式がよいモデルなのかどうかわかりません．そこで，モデル全体としての出来栄えと，個々の変数による効果の両方を評価してみましょう．**表 2.2** は重回帰式の寄与率や各変数の推定値などをまとめたものです．**図 2.12** は予測値と実測値の散布図で，外れ値はないように思われます．ここで，あなたに質問です．

質問❽：男性自殺率と男性完全失業率には非常に強い正相関があったのに，なぜ，**表 2.2** の重回帰では男性完全失業率の p 値は大きくなったのでしょうか．

表 2.2 重回帰の結果

要因	自由度	平方和	平均平方	F 値	p 値
モデル	4	0.00153916	0.000385	252.36	< .0001
誤差	41	0.00006251	1.53E-06		
全体	45	0.00160167			

R^2 0.961 自由度調整済 R^{*2} 0.957

要因	推定値	標準誤差	t 値	p 値	標準偏回帰	VIF
切片	-0.0181	0.00490	-3.69	0.00	0.00	-
離婚率%	0.0138	0.00197	7.03	< .0001	0.884	16.6
女性自殺率%	1.7585	0.16909	10.4	< .0001	0.374	1.36
対数負債総額	-0.0002	0.00077	-0.3	0.76	-0.014	2.38
男性完全失業率%	0.0006	0.00054	1.09	0.28	0.122	13.21

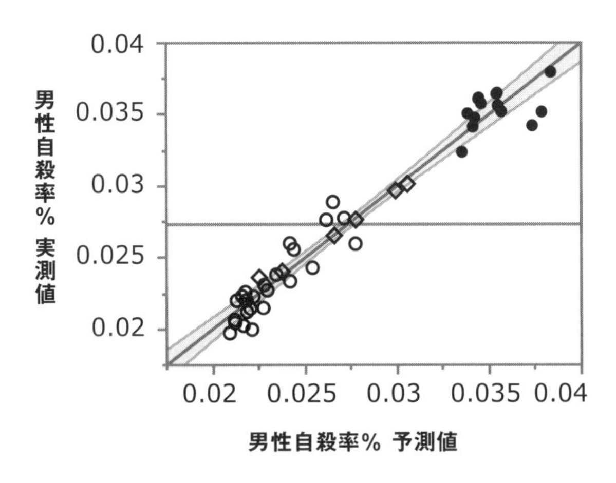

図 2.12　男性自殺率%の予測値と実測値

質問❽の答えは，**「男性完全失業率がもつ男性自殺率を説明する情報量の大半は他の変数と共通しており，他の変数が取り込まれたことで男性完全失業率の説明力が低下したから」**となります．では，男性完全失業率の説明力のうち，どのくらいが他の変数で説明できるのでしょうか．その量を示す指標が表 **2.2** の **VIF（分散拡大係数）**です．男性完全失業率の VIF は 13.21 です．(1−1/VIF)を計算すると 0.924 となります．この値は他の説明変数を用いて男性完全失業率を目的変数とした場合の重回帰の寄与率 R^2です．VIF が大きいということは他の変数との共通性が高いことを意味し，VIF が非常に大きい場合は**多重共線性**という特異な状況が起きていることを知らせる警告になります．

■恐ろしき悪魔，汝の名は多重共線性

多重共線性は説明変数のなかに互いに非常に強い相関をもつ変数が含まれているときに起きる現象です．これは，y を推定するために求める線形式とは別に説明変数間に線形式が成り立っているときに起きる現象です．このような場合に偏相関係数を求めようとすると，途中の計算で逆行列が求められなくなったり，たとえ逆行列が計算できても大きな計算誤差が生じていたりする場合があります．このため，偏回帰係数や標

表 2.3　多重共線性のデータ

x_1	*1.35*	2.42	3.77	2.52	2.23	2.99	2.29	3.05	3.75	2.27
x_2	*2.97*	4.83	7.53	5.23	4.29	5.94	4.51	5.95	7.31	4.52
y	*5.136*	8.108	12.489	8.602	7.654	10.278	7.759	10.076	12.073	7.895

準誤差が1つの個体の追加やちょっとした誤差により大きく変化してしまうことが起きるのです．例えば，単回帰式の場合に $y=1+3x_1$ という関係があるのに，$2x_1=x_2$ という x_1 との相関係数が1の x_2 という変数を加えた $y=b_0+b_1x_1+b_2x_2$ という重回帰式を考えると，$(b_1+2b_2)=3$ という関係さえあれば b_1 と b_2 はどのような値でもよくなります．多重共線性が疑われる場合は，一方の変数をモデルから削除するなどの処置が必要となります．

表 2.3 は多重共線性をもつデータです．(2.12)式は最初にある斜体のデータを除いたときの重回帰式です．

$$
\begin{array}{llll}
y=0.85+1.84x_1+0.61x_2 & R^2=0.994 & F_0=505.3 & \\
\quad (0.28)\ (1.03)\quad (1.16) & & & (2.12) \\
p\text{値}0.02\quad 0.12\quad\ 0.29 & & &
\end{array}
$$

寄与率は $R^2=0.994$ と極めて高くモデル全体の F_0 値も大きく有意差が認められるにもかかわらず，偏回帰係数の標準誤差は偏回帰係数に比べて大きいため，偏回帰係数の検定では5%有意なものは切片しかありません．多重共線性が起きる状況ではこのような不思議なことが起きるのです．なお，最初にある斜体のデータを含めた重回帰式の寄与率は $R^2=0.996$ で，重回帰式は以下のように求まります．偏回帰係数の値の変化は少なそうに見えますが，標準誤差や F_0 値は大きく違います．

$$
\begin{array}{llll}
y=0.84+1.89x_1+0.59x_2 & R^2=0.996 & F_0=938.7 & \\
\quad (0.22)\ (0.79)\quad (0.42) & & & (2.13) \\
p\text{値}0.007\ 0.049\ 0.199 & & &
\end{array}
$$

■悪魔祓(はら)いの変数選択

多重共線性ほど強烈ではないのですが，説明変数間に強い相関があると，質問❽のような事態が起こり得ます．このため，重回帰式を求める際に変数間の相関に注意しながら，予測に役に立つ変数を選び出す必要があります．そのための方法が**変数選択**です．変数選択はいろいろなルールが提案されています．ここでは，自殺率のデータを使って変数選択の様子を見ましょう．変数選択は最初に選択ルールを指定すればソフトウェアが計算をして結果を示してくれます．しかし，これでは変数選択の過程がブラックボックス化して何を行っているのかわかりません．そのため，どのような計算過程で変数選択が行われるのかを**変数増減法**といわれる方法で確認します．

表 2.4 の①は切片に[×]がついていますが，どの説明変数も選択されていません．この状態の予測式は$\hat{y}=\bar{y}$になります．候補に考えたすべての説明変数が役に立たないという状態が帰無仮説 H_0の状態です．変数増減法はここからスタートします．**表 2.4** ①の各変数の F 値から計算される p 値は帰無仮説 H_0が正しいとする確率なので，この値を拠り所に変数選択を行います．1 番効果の大きい変数は男性完全失業率で，これによって男性自殺率の推定ができそうです．

表 2.4 ②では男性完全失業率を説明変数にした条件で残差を説明できる変数を探します．説明変数間に相関関係があるでしょうから，その影響を加味した F 値と p 値を計算してみると，離婚率や対数負債総額の p 値が大きくなりました．これは，離婚率や対数負債総額と男性完全失業率の相関が強い，つまり共通性が大きいので，男性完全失業率をモデルに採用した後では離婚率や対数負債総額には残差を改善する説明力が小さくなったのです．

一方，女性自殺率は他の説明変数との相関が小さく，p 値も小さいので，この変数をモデルに取り込むと，男性自殺率の推定に役に立ちます．そこで，女性自殺率をモデルに取り込みます．この状態が**表 2.4** ③です．すると，離婚率の F 値が大きくなり p 値は小さくなりました．つまり，男性完全失業率と女性自殺率を取り込んだモデルの残差には離婚率で説明できる部分があるということです．

そこで，離婚率をモデルに取り込んでみたのが，**表 2.4** ④の状態です．

表2.4　変数増減法を使った変数選択のプロセス

①

追加	パラメータ	推定値	自由度	平方和	F 値	p 値(Prob > F)
[×]	切片	0.02733472	1	0	0	1.00000
[ ]	離婚率%	0	1	0.001304	192.925	0.00000
[ ]	男性完全失業率%	0	1	0.001362	249.749	0.00000
[ ]	女性自殺率%	0	1	4.24E-05	1.196	0.28014
[ ]	対数負債総額	0	1	0.000718	35.757	0.00000

②

追加	パラメータ	推定値	自由度	平方和	F 値	p 値(Prob > F)
[×]	切片	0.01283837	1	0	0	1.00000
[ ]	離婚率 %	0	1	0.000012	2.271	0.13915
[×]	男性完全失業率 %	0.00441318	1	0.001362	249.749	0.00000
[ ]	女性自殺率%	0	1	8.78E-05	24.803	0.00001
[ ]	対数負債総額	0	1	4.76E-06	0.871	0.35602

③

追加	パラメータ	推定値	自由度	平方和	F 値	p 値(Prob > F)
[×]	切片	-0.0017182	1	0	0	1.00000
[ ]	離婚率 %	0	1	8.95E-05	59.994	0.00000
[×]	男性完全失業率 %	0.00449939	1	0.001407	397.685	0.00000
[×]	女性自殺率%	1.1052705	1	8.78E-05	24.803	0.00001
[ ]	対数負債総額	0	1	1.43E-05	4.345	0.04323

④

追加	パラメータ	推定値	自由度	平方和	F 値	p 値(Prob > F)
[×]	切片	-0.019227	1	0	0	1.00000
[×]	離婚率 %	0.01356926	1	8.95E-05	59.994	0.00000
[×]	男性完全失業率 %	0.00061021	1	2.03E-06	1.361	0.24994
[×]	女性自殺率%	1.75428144	1	1.65E-04	110.758	0.00000
[ ]	対数負債総額	0	1	1.39E-07	0.091	0.76405

⑤

追加	パラメータ	推定値	自由度	平方和	F 値	p 値(Prob > F)
[×]	切片	-0.0215547	1	0	0	1.00000
[×]	離婚率 %	0.01553127	1	1.50E-03	993.579	0.00000
[ ]	男性完全失業率 %	0	1	2.03E-06	1.361	0.24994
[×]	女性自殺率%	1.84451096	1	2.33E-04	154.737	0.00000
[ ]	対数負債総額	0	1	3.74E-07	0.244	0.62394

男性完全失業率の F 値が小さくなり p 値が大きくなりました．この結果から，女性自殺率と離婚率の組合せのほうが女性自殺率と男性完全失業率の組合せよりも男性自殺率の予測に有利であると判断されたのです．このため，男性完全失業率をモデルから削除します．それが**表 2.4**⑤の状態になります．変数選択ではどのような説明変数の組合せが目的変数を推定するのに最も効率的かで変数を選んでいます．

せっかく選んだ説明変数をなぜ削除する必要があるのでしょうか．それは説明変数間の相関構造に起因しています．**図 2.13** の左右を見比べてください．**図 2.13** 左は離婚率と男性完全失業率の散布図に男性自殺率の推定値が同じ値になる条件のデータ範囲を直線で表し，矢線で偏回帰係数のベクトルとデータ範囲の両端を結ぶベクトルを追記しています．目的変数である男性自殺率を推定するために相関関係の強い説明変数を選ぶと，偏回帰係数のベクトルの向きが多少動いても(偏回帰係数の値が変化しても)，y の推定値に大きな影響を与えないことを意味します．つまり，偏回帰係数の方向を定める根拠が脆弱なものになります．その不安定さから推定値の信憑性が薄れてしまう現象が起きているのです．

一方，**図 2.13** の右は離婚率と女性自殺率という弱い相関関係のある説明変数の空間に，男性自殺率の推定値が同じ値になる条件のデータ範囲を直線で表し，矢線で偏回帰係数のベクトルと，データ範囲の端に向

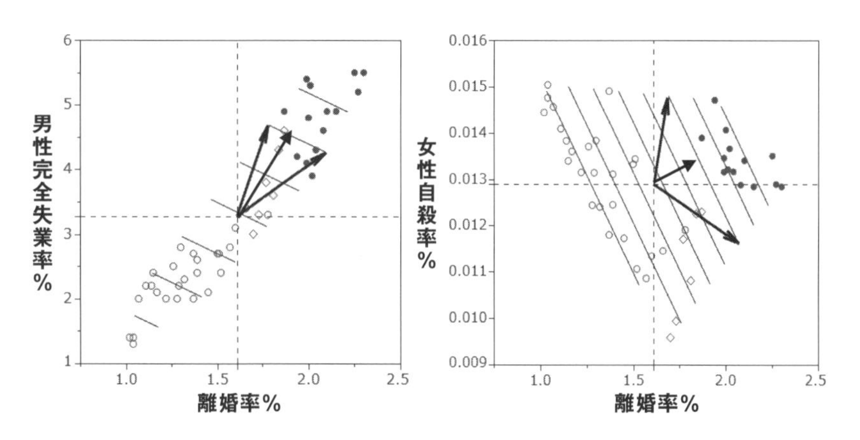

図 2.13　男性自殺率を推定する 2 つのモデルの比較

表2.5　VIFの値とその判断

VIFの値	寄与率 R^2,（　）の数字は重相関係数	目安の解釈
1.0	$R^2 = 0.0$　(0.0)	無相関(独立関係)
1.6	$R^2 = 0.36$ (0.6)	中程度の間接効果の受け渡し
5.0	$R^2 = 0.80$ (0.9)	強い間接効果の受け渡し
10.0	$R^2 = 0.90$(0.95)	多重共線性の予感

注）　重相関係数は目的変数 y と $\hat{y}$ の相関係数.

けたベクトルを追記したものです．データ範囲内で同じ男性自殺率の予測値になるようにベクトルの向きと大きさを動かすと，その変化は**図2.13**左に比べて大きいことがわかります．つまり，偏回帰係数の変化は推定に与える影響が大きいのです．したがって，説明変数間の相関が弱いと推定精度の高い偏回帰係数が得られます．推定精度が一番良い状態は2つの説明変数が無相関である場合です．この場合は相手の説明変数の影響を受けないので単回帰の傾き係数と重回帰の偏回帰係数の推定値は同じ値になります．

強い相関関係がある場合も推定値は求まりますが，その推定精度は悪いものになります．一方，無相関の場合は，変数ごとに単回帰を行えばよいのでご利益は小さくなります．重回帰のモデルは，説明変数間によい塩梅の相関関係がある場合に有益で，変数選択によって予測に冗長な説明変数を取り込む事態を防ぐことができます．

変数選択を行ってモデルに取り込まれた変数間の関連性を調べる指標がVIFでした．参考までに，**表2.5**にVIFの目安をまとめました．VIFが1のときは対象とする変数と他の変数との関係は無相関(独立関係)です．一方，VIFが10を超えると R^2 は0.9を超えるので，説明変数間は偏回帰係数を推定するのに不安定となる相関構造になっています．

目からウロコ2.8：変数間の適当な相関構造が嬉しい重回帰分析

①　説明変数間に適当な相関関係がある場合に変数選択により，安定な推定精度の重回帰式が得られます．

②　説明変数間に強い相関があると重回帰係数の推定精度が悪く

なります．

③ 変数選択で選ばれなくても無用な説明変数だとは言い切れません(意味のある説明変数でも他の変数との相関関係が強く，相関の強い他の変数を取り込めば予測に冗長な変数になります．)

2.9 裏の顔はドクター，回帰診断の勧め

実際に重回帰が使われる状況は手持ちのデータを使って，目的とする変数を予測することが多いです．このため，分析するデータにさまざまな素性のものが混ざっているので，データそのものがもつ質には泥がついていることが多いようです．このようなデータは重回帰に適したものとは限りません．また，分析する対象に対して言えることと，広く一般的に信じられていることの差に注意する必要があります．分析に用いたデータに対して成り立っていることが，そのまま現実に予測する場に当てはまっているのかどうかを冷静に振り返ることが大切です．(重)回帰に関する前提を整理すると，以下のようになります．ここでの対象は残差になります．

残差に対する前提

❶ 普遍性：残差 ε_iの期待値(平均)は0です．

❷ 独立性：残差 ε_iは互いに独立です．

❸ 等分散性：残差 ε_iの母分散 σ^2は x によらず一定です．

❹ 正規性：残差 ε_iは正規分布に従います．

(ここで，i は個体数で $i=1$，…，n)

以上❶～❹の前提が満たされているかどうかを調べることを回帰診断といいます．回帰診断は①**データ診断**，②**構造診断**，③**モデル診断**で構成されます．②の構造診断の主題は変数選択と多重共線性です．これら

は，**2.8節**で紹介したものです．

■問題児を探すデータ診断

データ診断は個々のデータの当てはまりを診断する方法です．つまり，重回帰モデルのルールから外れた異端児(**外れ値**)を探す作業です．この外れ値は他のデータと異なる振る舞いをしているので，なぜこのような残差が得られたのかを調べることはチャンス発見のヒントになります．形式的に外れ値を分析から排除して当てはまりのよいモデルを作るのではなく，外れ値こそ発見の種になるという考え方で，その個体の背景を調査します．外れ値は㋐説明変数の診断，㋑目的変数の診断，㋒両方の合併症の3つに分類されます．

㋐説明変数の診断では**高てこ点**の抽出を行います．高てこ点は説明変数の値の組合せのなかで他の個体に比べて，バランスが悪く遠い距離にある個体を指します．高テコ点はデータ分析全体へ与える影響が大きく，その1個のデータを除外することで分析精度などが変わってきます．てこ点は統計学の理論を使えば，$\hat{y}$が実測値の線形結合として表させることを利用して，推定に影響を与えた実質的な個体の数に関する指標です．てこ点が大きいことは，そのデータの予測精度が悪いことを意味します．逆の言い方をすれば，目的変数yを推定する際にデータ1個だけで推定するよりも，より多くの個体の情報を使ったほうが精度の高い推定ができるということです．てこ点を計算するメニューは一般的な回帰分析のソフトウェアに標準装備されています．てこ点はハット値とよばれることもあります．高てこ点に対するリスクの指標としてHuber(1981)は以下のような目安を提案しています．

Huberの高てこ点の診断の目安

		てこ点	$<$	0.2	安全
0.2	$\leqq$	てこ点	$<$	0.5	要注意
0.5	$\leqq$	てこ点			可能なら分析から除外

㋑の目的変数の診断は，外れ値検定に代表される診断です．外れ値の存在は，偏回帰係数，寄与率 R^2に影響を与えます．日常的に，外れ値は統計的あるいは，主観的に発見できるのでわかりやすいと思います．この診断には，**t 値**(スチューデント化された残差)を使うことが多いです．この値は，回帰モデルからの残差 e が観測地点で等分散ではないので，それを標準化したものです．また，残差 e の 2 乗と残差平方和の比 e_i^2/S_eを計算して，残差全体に対する影響度を調べることがあります．残差の外れ値の目安は以下のようにまとめられます．

残差の外れ値の目安

		t 値の 2 乗	$<$	$6.25(2.5)^2$	安全
6.25	$\leqq$	t 値の 2 乗	$<$	$9.00(3.0)^2$	要注意
9.00	$\leqq$	t 値の 2 乗			可能なら分析から除外

㋒の合併症の診断は，両者の性質をもつ個体を探すものです．この外れ値は**高影響点**とよばれています．高影響点は回帰モデル全般に影響を与えます．高影響点の摘出には，t 値の 2 乗とてこ点の散布図や，残差 e_iの 2 乗と残差平方和の比 e_i^2/S_eとてこ点の散布図などで観察します．

以下の話は，あるカラー画像の色差x_1，x_2，x_3と画像の好み y について重回帰を行ったもので，得られた重回帰は，以下のとおりです．

$$\begin{aligned}\hat{y}&=7.493-0.233x_1-0.106x_2+0.083x_3\\&\quad\ (1.41)\quad (0.064)\quad (0.038)\quad (0.020)\\F_0&=9.65\quad R^2=0.56\end{aligned}\tag{2.14}$$

図 2.14 左は(2.14)式で計算された予測値と実測値の散布図です．No.1 と No.25 の個体が重回帰式から大きく外れいていることがわかります．一方，**図 2.14** 右は 3 つの外れ値を診断するために作成した散布図で，横軸に t 値の 2 乗を，縦軸にてこ点をとったものです．No.1 が高影響点，No.22 が高てこ点，No.25 が外れ値の候補になっていることがわかります．これらの 3 つの外れ値をデータ分析から除外すると，重回帰式がどのように変化するかを調べたものが**表 2.6** です．No.1 の

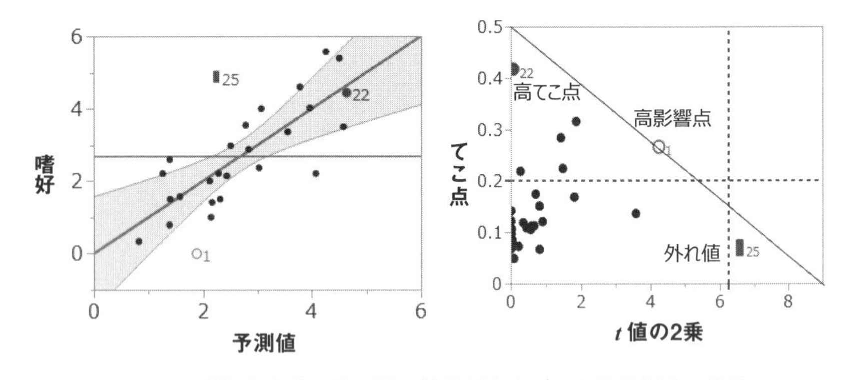

図 2.14 嗜好と色差の重回帰の結果(左)とデータ診断(右)の結果

表 2.6 問題児を分析から除外した影響

	推定値				F 値	寄与率	残差の標準偏差
	切片	x_1	x_2	x_3			
全ケース	7.463 (1.415)	−0.233 (0.064)	−0.106 (0.038)	0.083 (0.020)	9.646	0.557	1.067
個体 1 を除外 (高影響点)	6.163 (1.436)	−0.207 (0.060)	−0.081 (0.037)	0.085 (0.019)	10.367	0.586	0.985
個体 22 を除外 (高てこ点)	7.685 (1.654)	−0.231 (0.066)	−0.114 (0.048)	0.087 (0.025)	8.390	0.534	1.089
個体 25 を除外 (外れ値)	7.607 (1.223)	−0.262 (0.056)	−0.104 (0.033)	0.081 (0.017)	13.924	0.655	0.922

高影響点を除外すると，切片x_1，x_2の推定値が大きく変化しています．このとき，F 値や寄与率，残差の標準偏差が改善されています．次に，高てこ点である No.22 を除外すると，x_2の推定値が大きく変化しています．このとき，高てこ点の候補を除外すると F 値や寄与率，残差の標準偏差が悪化してしまいます．これにより，高てこ点はモデルを過大評価する傾向があることがわかります．最後に No.25 は単なる外れ値候補ですが，この個体を除外すると，x_1の推定値が変化しています．また，F 値や寄与率，残差の標準偏差が大きく改善されています．外れ値を診断する際の基準は，てこ点や t 値の値だけでなく，他の個体との外れ具合を視覚的に判断してモデルへの影響度を調べるとよいでしょう．外れ値をデータ分析から除外してよいのは，その個体の素性が他の個体

と異なり判断対象から得られた個体ではないと考えられる場合です．除外する理由が見当たらない場合は除外すべきではありません．

■技巧を凝らすモデル診断

データ診断では個々のデータの素性の良し悪しを診断しましたが，モデル診断ではモデル自体の診断を行います．診断の結果，残差の等分散性の仮定，あるいは正規性の仮定が崩れている場合には目的変数の変数変換や説明変数の変数変換，交互作用の追加などによるモデルの改良を行う必要があります．

ここでは，横浜の花粉の飛散量の分析を紹介します．分析の元になるデータは2019年の2月1日～3月11日までの杉花粉が舞う時期にとられたデータを気象庁の天候データで予測したものです[9]．**図2.15**が花粉量を予測した重回帰分析の結果です．有意水準5%で有意となった変

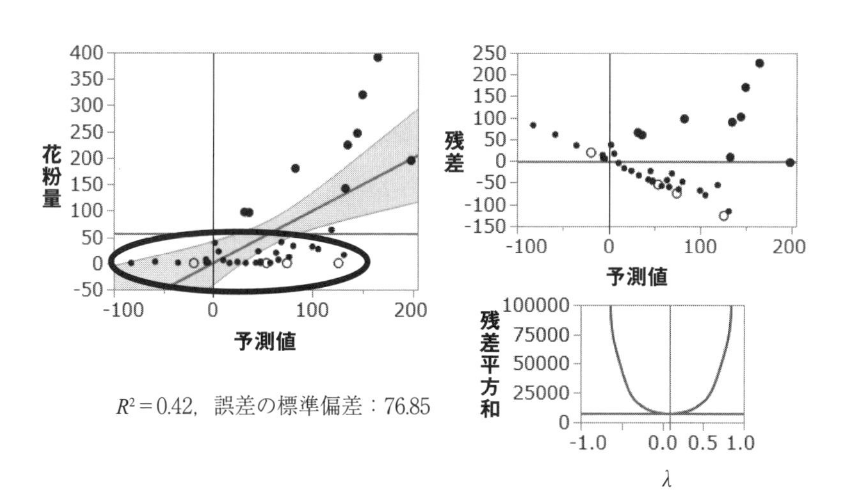

注） 花粉情報協会：「杉花粉飛散開始情報」(http://www.env.go.jp/chemi/anzen/kafun/)および気象庁が公開している気象データより筆者作成．

図2.15 横浜市の杉花粉量の予測

9) データは「杉花粉飛散開始情報」(http://www.env.go.jp/chemi/anzen/kafun/)より抽出した．元のスギ花粉データは花粉情報協会が測定したものであるが，それに気象庁が公開している気象データを結合して筆者が分析した．

数は最低気温，温度差，日照時間の3つです．得られた重回帰式は，以下のとおりです．

$$\hat{y}=12.48+17.87x_1-20.75x_2+21.39x_3 \quad F_0=8.56 \quad R^2=0.42$$

$$(43.15)\ (4.67)\ \ (7.27)\ \ \ \ \ \ (5.51) \qquad\qquad (2.15)$$

$\hat{y}$：杉花粉量，x_1：最低気温，x_2：温度差，x_3：日照時間

図 2.15 左を眺めて何か気づきはありませんか．寄与率 R^2が 0.4 ほどですから，重回帰式による予測式自体の推定精度はよいといえそうもありません．また，楕円で囲った平均$\bar{y}=57.93$以下のデータの当てはまりが非常に悪く，推定値が負になっている個体もあります．一方，平均以上のデータ 10 個への当てはまりもよいとはいえません．**図 2.15** 右の予測値と残差の散布図を見るとモデルの構造の悪さがはっきりします．予測値と残差の散布図では打点が無作為に分布していることが望ましいのですが，**図 2.15** 右ではその傾向が見られません．残差のばらつきは予測値が大きいほど大きくなる傾向があります．

どうやら，モデルに構造上の問題があるようです．**図 2.15** 右下のグラフが**ボックス・コックス変換**の効果を調べたものです．この診断を使うと目的変数側の変数変換の必要性を示唆してくれます．本例では，変換すべきべき乗 λ（ラムダ）の値はほぼ 0 であることを示しています．べき乗 $\lambda=0$ の変換は対数変換です．花粉量に対数をとってデータ分析をやり直した結果が**図 2.16** になります．**図 2.16** 左の予測値と対数花粉量の散布図では直線的な関係が得られます．また，残差に傾向は見られず（**図 2.16** 右），残差が近似的に正規分布に従っているように見えます（**図 2.16** 右下）．また，気象情報を使って横浜市の花粉量の対数を予測したモデルでは，最低気温・温度差・日照時間の他に平均湿度・最小湿度が選ばれています（**図 2.16** 左下）．このときの寄与率は $R^2=0.637$ と改善されています．

さらに，横浜の花粉量を推定するのにもっと精度のよいモデルを考えることにしましょう．花粉は横浜近郊の杉林からだけでなく，多摩や千葉の杉林からも風に吹かれて舞ってきます．そこで，青梅と佐倉の気象条件も説明変数に加えます．また，当てはまりの悪い 2 月 4 日を分析か

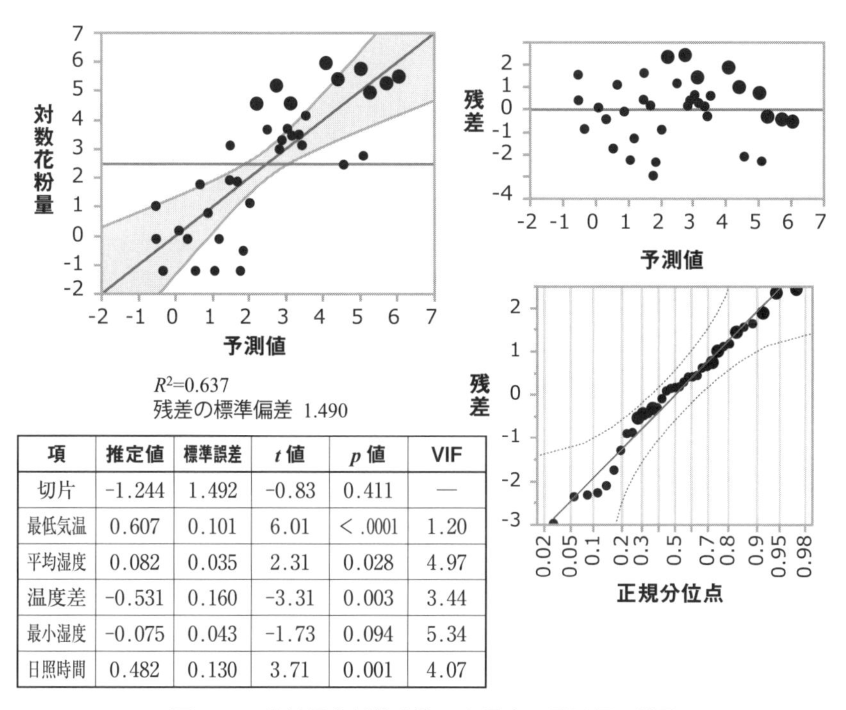

項	推定値	標準誤差	t 値	p 値	VIF
切片	-1.244	1.492	-0.83	0.411	—
最低気温	0.607	0.101	6.01	< .0001	1.20
平均湿度	0.082	0.035	2.31	0.028	4.97
温度差	-0.531	0.160	-3.31	0.003	3.44
最小湿度	-0.075	0.043	-1.73	0.094	5.34
日照時間	0.482	0.130	3.71	0.001	4.07

図 2.16 花粉量を対数変換した場合の重回帰の結果

ら除外してみます．変数選択では変数増減法を使い，p 値＝0.25 基準で変数の IN・OUT を行います．その結果を**図 2.17** に示します．たくさんの変数をモデルに取り込んだ結果，R^2が 1.00 となりました．残差の自由度が 1 になり，ソフトウェアが変数選択を強制終了させました．このモデルは適応過剰です．変数増減法では，変数をモデルに取り込む基準 IN とモデルから削除する基準 OUT の p 値を経験的に 0.25 とします．その根拠を説明します．寄与率 R^2はどのような変数でも取り込むだけで大きくなるので，モデルに取り込む際に効果が小さい変数にはペナルティを課すという方法が考えられました．それが，自由度調整済寄与率 R^{*2}です．この R^{*2}に対応した p 値基準が 0.25 です．では，「なぜ p 値基準に有意差検定で扱う 0.05 を使わない」のかというと，予測に役立つかもしれない変数を見逃す可能性があるからです．そこで，少し選択基準を甘めに設定し R^{*2}のペナルティに対応した値 0.25 を使うのです．

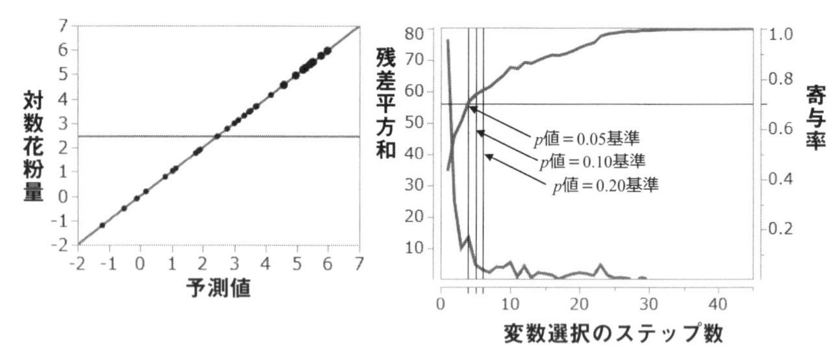

要因	自由度	平方和	平均平方	F値	p値
回帰	32	163.2	5.10	187877383	< .0001
残差	1	0.00	0.00		
全体	33	163.2			

R^2=1.000
残差の標準偏差0.0002

図 2.17　花粉量の変数選択の推移

しかし，本例のように，標本数 n が少なく説明変数 p の数が多い場合や，ビッグデータのように n が巨大な場合には，歯止めが利かずに，誤差の自由度がなくなるまで変数を取り込むことが起きます．そのような場合は**図 2.17** 右にあるような変数選択の推移グラフを参考に，選択基準の p 値を厳しくするなどして，少ない説明変数で予測可能なモデルを選びます．

目からウロコ 2.9：誤差あっての予測式

① 重回帰では残差を使ってモデルの評価を行っているので，回帰残差が小さくなりすぎるとモデルの評価ができなくなります．

② 回帰診断では，モデルの線形性の確認，変数選択の妥当性，個々のデータの影響度を診断しますが，これらは残差の前提にもとづいています．

③ 多くの場合，統計的な指針に従えば役に立つ重回帰式を得られますが，そうでない場合はデータ分析者の腕が試されます．

第3話　ロジスティック回帰─七変化

世の中には賭け事が好きな人が少なからずいます．海外では紳士淑女が着飾ってテニスなどの大会を楽しみますが，ちゃっかり賭け事も楽しんでいます．賭け事には***Odds***（オッズ）がつきものです．*Odds* は統計学でも使われますが，賭け事の *Odds* と統計学で使われる *Odds* は異なるので面倒です．統計学で使われる *Odds* はある事象 A が起きる確率 p に対して事象 A が起きない確率との比 $p/(1-p)$ になります．*Odds* は 0〜無限大の値なので対数をとり，間隔尺度にしたものを**ロジット**といいます．このロジットが**ロジスティック回帰**の肝になります．

3.1　傘を持たずに雨の心配をする

東京の降水日は年平均 102 日[1]です．降水日は 1mm 以上の降水があった場合と定義されています．降水 1mm とは傘を持っていない人が我慢できる限界の雨量といわれています．ここで，あなたに質問です．

質問❶：「天気予報の降水確率から長傘を持ち歩くかどうかを決めますか」

質問❶にあなたが「はい」と答えてくれることを期待して話を続けます．降水確率は予報区内で一定時間内に 1mm 以上の雨または雪が降る確率です．降水確率は過去に同じような気象状況となった際の降水情報をもとに，統計処理により算出した値です．その確率は 10%刻みで表示されます[2]．

1)　廣野元久（2018）：『JMP による技術者のための多変量解析』（日本規格協会）より引用した．データは気象庁のウェブサイトよりダウンロードできる．

2)　民間の天気予報では 1%刻みで表示しているウェブサイトもある．

ここで，降水確率50%の意味を考えてみましょう．この値は予報地区内で同じような気象条件になったときに，100回予報が出されたとしたら，平均的に50回は雨が降るということです．この降水確率50%を境に傘マークがつけられ，降水確率が50%以上になると「所により」という言葉が除かれます．それでは，長傘を持ち歩く基準をどう考えたらよいでしょうか．

雨を心配する程度は個人の気持ち次第です．基準を降水確率90%以上にすれば，長傘を持ち歩く無駄はほぼなくなりますが，雨に濡れる危険はとても大きくなります．逆に，基準を降水確率10%以上にすれば，雨に出会う不安は気にならないほど小さくなります．しかし，雨の降らない日に長傘を持ち歩く無駄や恥ずかしさは増えてしまいます．雨に濡れるリスクと長傘を持ち歩く無駄をともに減らすことはできません．読み誤った場合の損害の程度が同じであれば，*Odds* が1となる降水確率50%を基準とするのがよいでしょう．雨に濡れる落胆のほうが大きいのであれば，降水確率を少し下げた40%にしてもよいかもしれません．このとき，降水のない確率は $(1-0.4)\times 100=60\%$ です．これを降水のないことへの**信頼率**と考えれば，「丁半博打よりは少しはまし」という意味をもちます．降水の確率はゼロではないので，変な日本語ですが「雨の心配をしながら長傘を持ち歩かない」ということになります．天気予報からの意思決定にすぎませんが，万人が納得する判断基準を作るとなると，なかなか難しいものがあります．

ところで，実際に天気予報はどのくらい正確なのでしょうか．気象庁は結果をウェブサイト上で公表しています．**図3.1**左が1992年～2017年の北海道と関東甲信の降水日の翌日～1週先までの平均的中率のグラフです．打点は曲線的なので，少し工夫をしたものが**図3.1**右です．**図3.1**右では，縦軸の確率を *Odds* の対数であるロジット $z=\ln\{p/(1-p)\}$ で表し，横軸の日を対数で表しました．**図3.1**右のロジットは将来の予報ほど直線的に下がる（当たらない）傾向があるので，ロジットに対して**回帰直線**を使って予測を行います．地域を示す2本の回帰直線はほぼ平行ですから，“**ケチの論理**”（影響の小さいパラメータの推定はしない）を

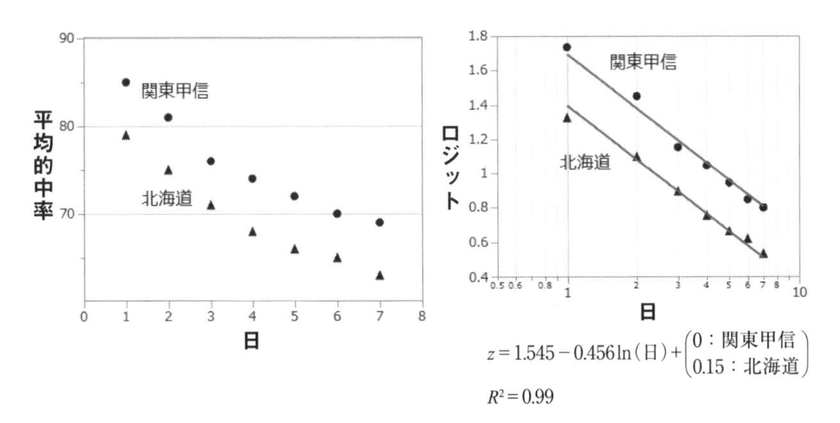

$$z = 1.545 - 0.456 \ln(\text{日}) + \begin{pmatrix} 0：\text{関東甲信} \\ 0.15：\text{北海道} \end{pmatrix}$$

$R^2 = 0.99$

出典）　気象庁：「降水の有無の適中率の例年値」(https://www.data.jma.go.jp/fcd/yoho/kensho/reinen.html)

図 3.1　北海道と関東甲信の 1 週先までの天気予報の平均的中率

使います．具体的には，降水日の予測時点にかかわらず，回帰直線の傾きは同じ(**交互作用**がない)，という制約をつけるのです．こうして求めた 2 本の回帰直線の差 0.15 は北海道と関東甲信との平均的中率の優劣を表す値になります．

この値はロジットの世界の差なので，指数をとって元に戻したものを ***Odds* 比**といいます．*Odds* 比は基準となる状態から「何倍よくなったか」を表す指標で，**改善効果**ともいわれます．本例の *Odds* 比を計算すると，関東甲信の平均的中率は北海道に比べて 1.2 倍ほど優れています．この違いは単位面積当たりの観測所の数や地理的要因などが影響しているのかもしれません．

では，翌日の天気予報はでたらめに降水日を予想することに比べて，何倍の改善効果があるでしょうか．この場合のでたらめとは，例えば，コイントスで表が出たら降水と予測することと同じ意味で使っています．東京で平均的に降水日となる確率は 102/365＝0.28 です．実際に降水日となる事象とでたらめに予想する降水日とは**独立事象**になります．降水日を正しく予測できる確率は**確率の乗法定理**を使って 0.28×0.5＝0.14 と求めることができます．同様に，降水日でないことを正しく予測できる確率は(1−0.28)×0.5=0.36となります．このとき，両方を加えた確率は0.5になることに注意しましょう．

では，天気予報の平均的中率に関東甲信の翌日の平均的中率0.85を使い*Odds*比を計算してみましょう．その値は，(0.85/0.15)/(0.14/0.86)=34.8です．でたらめな予測に対して天気予報の効果は絶大です．

目からウロコ3.1：確率pを予測するロジスティック回帰

① 確率を*Odds*(成功/失敗の比)に変換します．

② *Odds*の対数(ロジットzの世界)は加法性が成り立ちます．

③ ロジットzで計算した回帰の予測値$\hat{z}$を確率に戻します．

次に，予報の平均的中率が50%になる将来はいつかを計算してみましょう．確率50%のときの*Odds*は1ですから，その対数をとったロジットは0になります．得られた回帰式$z=1.545-0.456\ln(日)$を使い，**逆推定**から平均的中率が50%になる時点を計算します．指数関数exp(1.545/0.456)を使い，結果は約1月先(29.6日)となります．

ここまで降水日の予報の話をしてきましたが，平均的中率の予測に使った方法が**ロジスティック回帰**の考え方のエッセンスです．ロジスティック回帰は発生確率pを予測する方法です．また，得られた推定値$\hat{p}$があらかじめ定めた閾値に比べて大きいか小さいかで仕分けをすれば，降水日を予測したように，**判別問題**にもロジスティック回帰が使えます．

さらに，順序尺度の構成比率を予測する場合には**累積ロジスティック回帰**が役立ちます．累積ロジスティック回帰は我が国ではそれほど知られていませんが，品質工学の累積法が使われる場面や1対比較法や順位データの分析などに適用できる優れた方法です．1986年に起きたスペースシャトル・チャレンジャー号の悲劇は外気温の状態から決して打ち上げてはいけない気象状況だったといわれています．累積ロジスティック回帰による事故確率を推定していれば，マネジメント側が発射を強行しないで済んだかもしれません．本章では，ロジスティック回帰の応用の幅広さに焦点を当て，この手法の七変化に読者を誘います．

3.2　将来を先読みする―回帰分析の顔―

ひと昔前に比べるとプリンタが発する音は随分と小さくなりました．それでも人は感情の生き物ですから，静かなオフィスで突如プリンタが発する人工的な音に不快な気持ちになった経験は誰にでもあるでしょう．プリンタから発生する音の不快要素にラウドネス（人が感じる音の大きさ）があります．2つの供試音（A_1，A_2）について，どちらが不快であるかを n 人で比較したとします．ラウドネスに差がなければ，A_1が不快である確率と A_2 が不快である確率は同じ 50％であることが期待されます．次に，A_1に比べて A_2のラウドネスが 0.5 だけ大きいとき，A_1が不快であると答えた確率が 25％になったとします．さらに，A_1に比べて A_2のラウドネスが 1 だけ大きくなると，A_1が不快であると答えた確率はさらに 25％下がり 0％になるとは思えません．ラウドネスの差が 0.5 だけあると不快の確率が 25％下がったと考えるよりも，確率が半分になったと考え，同様の努力により 25×（1/2）＝12.5％になると考えたほうが自然ではありませんか．このように，改善効果は**加法性**が成立するのではなく，**乗法性**が成立する世界です．乗法性が成立する場合には，対数 $ln(p)$ をとると加法性が成立することが知られています．また，歩留りのように 100％の限界に挑戦する場合には $-ln(1-p)$ と変換します．この 2 つを組み合せた以下のような式が**ロジット変換**です．

$$z=\ln(p)-\ln(1-p)=\ln\{p/(1-p)\} \tag{3.1}$$

ロジット変換は降水日の話で紹介した *Odds* の対数をとったロジットそのものです．確率 50％がロジットではちょうど 0 となる折り返し点であることは前で述べたとおりで，覚えて損はありません．ロジット変換の逆変換により確率 p を計算するには，以下の式を用います．

$$p=\frac{\exp(z)}{1+\exp(z)}=\frac{1}{1+\exp(-z)} \tag{3.2}$$

（3.2）式には **2 項分布**で与えられた確率 p が z の値により変化するという確率モデルが隠されています．ロジスティック回帰は確率 p の変化に S 字型曲線を当てはめ，その曲線を**ロジスティック分布**の累積分布関数で近似するモデルです．

図 3.2 のグラフは確率 p に対するロジット変換の効果を示したものです．前述の降水日で話をしたように，不良率や割合を表す p を目的変数とする予測では $p=r/n$ をロジット変換し，それを目的変数とした回帰分析を行います．ロジット z は 2 項分布と回帰式を橋渡しする役目をもつので**リンク関数**とよばれます．このとき，$0\to-\infty$，$n\to\infty$ だから，r が 0 と n のときは z を求めることができません．そこで，技巧的に以下の式を考えます．

$$z=\ln(r+1/2)/(n-r+1/2) \tag{3.3}$$

(3.3)式を**経験ロジット**とよびます．この変換のままだと，n の大きい標本も n の小さい標本も同等に扱ってしまいます．それでは不平等なので，n の大きさに対応した重みを加える必要があります．さらに，残差分散が p の値によって異なるので不等分散の問題も残ります．特に，p が 0 や 1 の近傍ではロジット z の分散が大きくなり都合が悪いのです．これらの点を考慮したのが本来のロジスティック回帰です．ロジスティック回帰のパラメータ推定は**最尤法**を使って計算されます．残差と回帰のパラメータが独立ではないため，重回帰分析で使った最小 2 乗法では正しいパラメータ推定ができないのです．最尤法の計算は複雑でコンピュータの助けが必要ですが，ソフトウェアを使った分析結果の読み方は重回帰分析に準じて行います．

さて，**図 3.3** 左は 31 人の評価者に対して，ラウドネスの差分を横軸

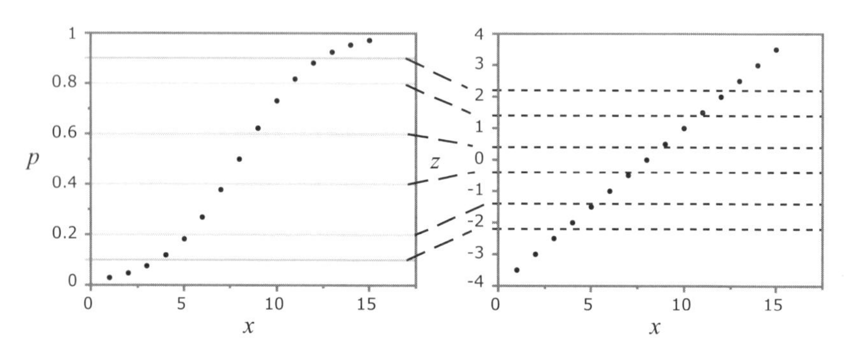

図 3.2　ロジット変換による効果

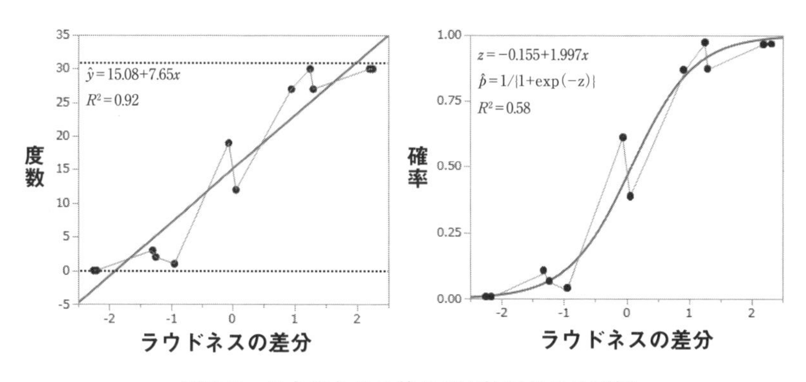

図 3.3　ラウドネスの差分が不快に与える影響

表 3.1　ロジスティック回帰の主な出力結果

モデル	対数尤度	自由度	カイ 2 乗	p 値
差	-150.66	1	301.32	< 0.001
完全	-107.06			
縮小	-257.72			

項	推定値	標準誤差	カイ 2 乗	p 値
切片	-0.155	0.177	0.77	0.38
ラウドネスの差分	1.997	0.192	107.72	< 0.001

寄与率 $R^2 = 0.58$，個体数 $n = 372$

に，不快に感じた人の度数を縦軸にとり，通常の回帰分析を行った結果です．回帰直線の当てはまりは良好に見えます．しかし，ラウドネスの差分が−2よりも小さい場合は，回帰直線から計算される予測度数が負の値となり不合理です．逆に，値が2より大きくなると，予測度数が総評価者数 n=31 を超えるので，こちら側も不合理です．一方，同じデータにロジスティック回帰を適用すると，**図 3.3** 右に示す結果が得られます．予測値は 0〜1 の範囲に収まり，不等分散の問題も解決できます．ロジスティック回帰で得られた結果をまとめたものが**表 3.1** です．**表 3.1** の読み方を(重)回帰分析の結果と関連づけて説明しましょう．

ロジスティック回帰の結果は，利用するソフトウェアによって日本語の表現が異なる場合があります．本書ではJMPの日本語表記を採用しています．**表3.1**の上の表の読み方を説明します．まず，1列目の言葉の意味を述べます．4行目の“**縮小**”とは何を縮小したものなのでしょうか．実はこれ，モデルの複雑さに対応した言葉なのです．ここで，あなたに質問です．

> **質問❷**：統計学で扱う予測モデルのなかで，1番単純なモデルは何でしょうか．

(重)回帰の場合の1番単純なモデルが$\hat{y}=\bar{y}$です．ロジスティック回帰の場合も同様で，$\hat{p}=\bar{p}$になります．つまり，“縮小”の行には**帰無仮説H_0**(ロジスティック回帰の傾きはゼロ)の場合の対数尤度が示されています．対数尤度−257.72は，(重)回帰分析の**総平方和**に相当する量です．次に，3行目の“**完全**”の意味を述べます．こちらは，**対立仮説H_1**で考えているロジスティック回帰で説明できないばらつきの大きさを示しています．完全とは，考えているモデルが正しいとしたらモデルの対数尤度が最小であるという意味です．この値−107.06は(重)回帰分析の**残差平方和**に相当する量です．すると，2行目にある“**差**”の意味の察しがつきます．これは，全体のばらつきからモデルで表せないばらつきを除いた値です．つまり，ロジスティック回帰の効果を表す値です．ソフトウェアによっては対数尤度の−2倍を使う場合があるので，表記に注意しましょう．

表3.1上の表にある**自由度**は対立仮説H_1のモデルと帰無仮説H_0のモデルの自由度の差になります．**表3.1**のロジスティック回帰の自由度はパラメータ推定する切片と傾きの2つです．そこから帰無仮説H_0の平均モデルの自由度を引いた値ですから，$2-1=1$になります．“差”の行のカイ2乗は(重)回帰分析の**平均平方**に相当する量で，対数尤度の−2倍になります．5列目のp値は帰無仮説H_0が正しいと考えた場合に，自由度に対応するカイ2乗分布を使って，−2倍の対数尤度301.32より大きな値が得られる確率を表したものです．その値は0.001よりも小さいため，<0.001で示しています．この値からデータにロジスティック

回帰を当てはめることに意味がある(高度に有意)と判断します.

次に，**表 3.1** 下の表の読み方を説明します．2列目の推定値がロジットの世界で計算された回帰係数になります．3列目の標準誤差は(重)回帰分析の標準誤差に相当する値です．4列目のカイ2乗は(重)回帰分析の t 値に相当する値で，(推定値/標準誤差)^{2}で計算された量です．これらの値を使って，推定されたパラメータの**有意差検定**を行います．ロジットの世界で計算された傾き(ラウドネスの差分)の値 1.997 に対応した p 値は 0.001 よりも小さいので，傾きは統計的に意味があると考えます．一方，切片の p 値は 0.05 よりも大きな値です．したがって，帰無仮説 H_0を捨て去ることはできません．ラウドネスの差分が 0 のときのロジットの値が 0，すなわち予測確率は 50%であるということを捨てきれないので，妥当な結果です．今回は得られたモデルをそのまま使いますが，切片を 0 としたモデルに変更することが望ましいでしょう．得られたモデルを使って確率を推定すると，ラウドネスの差分が 0.5 小さくなると 50%から半分の 25%に改善され，1 小さくなると 1/5 の 10%に改善されることがわかります.

ところで，**図 3.3** の左右のグラフには各モデルの**寄与率** R^2が示されています．ロジスティック回帰の R^2は 0.58 ですから，単回帰分析の結果 $R^2=0.92$ よりも小さい値です．当てはまりは単回帰式よりも劣っているように感じます．回帰分析の R^2は総平方和に対する回帰による平方和の比です．また，総平方和に対する残差平方和の比を誤差率とすると，R^2は 1 から誤差率を引いたものになります．言い換えると 1 から $y=\bar{y}$というモデルの残差平方和と回帰による残差平方和の比を引いたものなので，R^2は回帰による改善度を表したものになります．一方，ロジスティック回帰では定数項のみのモデルでの対数尤度を総平方和(縮小)に，想定したモデルでの対数尤度を残差平方和(完全)に，それぞれ対応させることで R^2を計算しています．このときの対数尤度は r_i個の 1 と$(n-r_i)$個の 0 によって計算されたものになります．つまり，直接 $p_i=r_i/n$ を使っていないのでフェアな比較になりません．加えて，対数尤度から計算された寄与率は 2 項誤差分散の影響を受けます．分散が

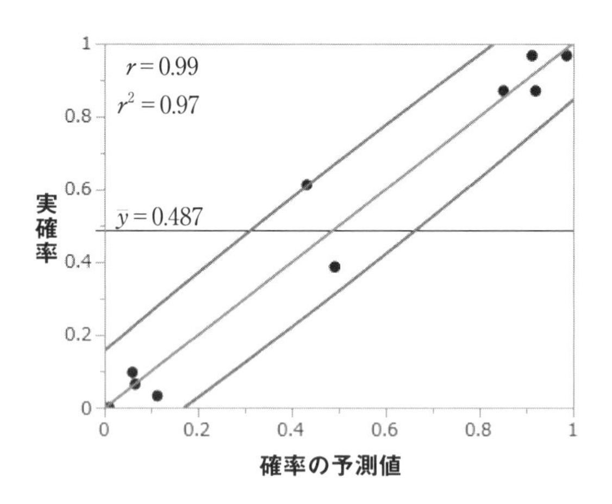

図 3.4 予測確率と実確率の散布図

小さければ，寄与率はモデルの当てはまりに関係なく向上してしまいます．このため，直接モデルの良し悪しを R^2 で比較すると読み誤りを起こします．そこで，寄与率で比較したい場合は，予測確率と実確率 $p_i = r_i/n$ の散布図を作り，そのときの相関係数の 2 乗を寄与率に見立てます．**図 3.3** 左の単回帰の $R^2 = 0.92$ に対応した値を求めるには，度数を評価者総数 31 人で割った値を縦軸に，ロジスティック回帰の予測確率を横軸にして，相関係数 r の 2 乗を計算します．**図 3.4** に示すように $r^2 = 0.97$ と求まりますから，モデルの当てはまりは極めて良好だとわかります．ロジスティック回帰によるモデルの改善度を解釈するには，以上のような工夫が必要です．

ここまで説明してきたように，ロジスティック回帰の寄与率 R^2 の解釈には少し注意が必要です．しかし，質的変数が目的変数の場合はロジスティック回帰を使うことが本筋です．製品開発や生産現場の小さな不良率の予測，高い収率の予測には回帰分析は不合理ですから，ロジスティック回帰が威力を発揮します．

目からウロコ 3.2：寄与率の怪

① ロジスティック回帰式と(重)回帰式の比較に寄与率 R^2 は使

えません．

② （重）回帰分析の寄与率 R^2 と比較したい場合は，実確率と予測確率の相関係数 r の 2 乗を計算してみましょう．

3.3　半か丁かを予測する―賭博師の顔―

2018 年の全米オープンテニスではジョコビッチ選手が完全復活し栄冠を手にしました．また，錦織選手も復活の狼煙を上げてベスト 4 に進出しました．男子テニスの世界では上位シード選手が優位であるといわれます．それを検証するために，スナップショット的ですが 2018 年の全米オープンの全 127 試合の結果を眺めてみましょう．シード上位者，あるいはノーシード同士の対戦ではランキング上位者が勝ったのは 92 試合もあります．ランキング上位者の勝率は実は 70% 以上もあったのです．このとき，「シードの差が大きいほど上位者が勝つ可能性は高くなる」と考えることは自然な発想です．そこで，横軸にシードの差をとり，縦軸に勝負の行方（W＝勝ち，L＝負け）をとったグラフが**図 3.5** 左です．ただし，ノーシード同士の対戦の場合はシード差がないため，ランキング上位者に差分 1 を与えてみました．シードの差が 1 つの場合の勝負はほぼ互角です．シードの差が大きくなるに従い，上位シード者が

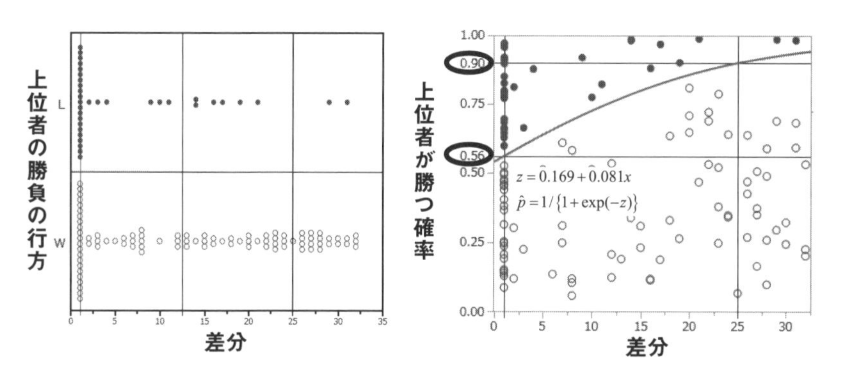

図 3.5　2018 年の全米オープンテニスにおけるシード順位差のグラフ

勝利を手にすることが多いように見えます．このことをロジスティック回帰で検証してみます．今回の分析では個体は個々の試合の結果ですから，目的変数の値は勝ち＝1と負け＝0の2値しかありません．個体ごとの確率ではありません．しかし，ロジスティック回帰は，このような場合でも扱っているデータ全体に着目して，発生確率の予測が可能です．

実際に分析結果を見てみましょう．**図3.5**右がロジスティック回帰の結果をグラフで表現したものです．図中の曲線はロジスティック回帰で計算した確率の予測線です．図中の打点の横軸座標は実測値で，縦軸座標は境界内でランダムな配置になっています．縦軸側で個体をランダムに配置するのは，実際の値は0(負け)か1(勝ち)の2値しかとらないので，そのまま打点すると視覚的にわかりにくいためです．分析者がイメージしやすいように縦軸の打点の位置を無作為に配置するという工夫をしたのです．**図3.5**右の差分25に引いた境界は，上位8シード以上がノーシードと対戦した場合に勝つ確率を表します．その確率は90%ほどあります．つまり，シード選手同士が当たらない2回戦までに上位8シードが敗れて大会を去ることは，ほとんどないのです．また，ノーシード同士の対戦と上位8シードがノーシードと対戦する*Odds*比の計算に予測値を使うと，(0.90/0.10)/(0.56/0.44)＝7.1倍と大きな値になりました．

このように2値で表される目的変数の予測に対してもロジスティック回帰を使うことができます．なお，確率の予測を群のロジスティック回帰，2値の予測を個々のロジスティック回帰とよぶことがあります．

目からウロコ3.3：群の予測は個々の予測の積み重ね

① ロジスティック回帰は確率の予測と2値データ(個々)の予測が可能です．

② 実際の対数尤度の計算は個々のデータを使って計算します．

3.4 仕分けの鉄人—判別の顔—

平成の人気TV番組に「料理の鉄人」がありました．鉄人は中華・フレンチ・和食の3人[3]がおり，高級食材をテーマに各ジャンルのプロの料理人の挑戦を受けて料理対決を行いました．高級食材は勝負直前に発表されましたが，鉄人の勝率は約8割あり挑戦者が勝つことは稀でした．**表3.2**は「Wikipedia：料理の鉄人」に記載された情報から勝敗をまとめたものです．料理対決に使う高級食材はさまざまでしたが，**表3.2**では大雑把に5分類にまとめています．また，挑戦者のジャンルは対戦が多かった中華・フレンチ・和食の3つに限定しました．まったく非現実なのですが，挑戦者内および鉄人内の腕前に差異がないという前

表3.2 料理の鉄人の対戦成績

鉄人⇒		中		仏		和		小計		*Odds*	経験ロジット
挑戦者	素材	L	W	L	W	L	W	L	W		
中	海鮮	3	7	2	6	1	2	6	15	0.40	-0.869
中	魚	1	4	0	5	0	2	1	11	0.09	-2.037
中	他	1	5	1	8	0	2	2	15	0.13	-1.825
中	肉	0	4	**5**	**7**	1	0	**6**	**11**	**0.55**	**-0.571**
中	野菜	**4**	**5**	0	6	0	2	4	13	0.31	-1.099
仏	海鮮	1	1	2	6	2	1	**5**	**8**	**0.63**	**-0.435**
仏	魚	1	1	0	5	0	4	1	10	0.10	-1.946
仏	他	0	2	1	8	1	2	2	12	0.17	-1.609
仏	肉	0	1	**5**	**7**	2	4	**7**	**12**	**0.58**	**-0.511**
仏	野菜	0	0	0	6	1	1	1	7	0.14	-1.609
和	海鮮	0	8	1	5	0	2	1	15	0.07	-2.335
和	魚	2	3	0	7	2	10	4	20	0.20	-1.516
和	他	0	2	1	3	1	5	2	10	0.20	-1.435
和	肉	0	1	0	0	0	1	0	2	0.00	-1.609
和	野菜	1	7	2	2	0	1	3	10	0.30	-1.099
小計		14	51	20	81	11	39	45	171	0.26	-1.327

出典） Wikipedia「料理の鉄人」

3） TV番組「料理の鉄人」の終盤ではイタリアンの鉄人が登場し鉄人は4人になった．本書では話を簡略化するために3鉄人に限定した話とした．

提に立ち，**表3.2**の*Odds*やロジットを読み解きます．**表3.2**では，全体の*Odds*のほぼ倍に当たる0.5以上を太字で表しています．中(中華)や仏(フレンチ)の挑戦者は，食材が肉の場合の*Odds*が相対的に大きく，和(和食)の挑戦者の場合の*Odds*はどの食材でも相対的に小さいことがわかります．食材が肉である場合の挑戦者のジャンルの*Odds*比を計算してみると，以下のとおりです．

中華/和食の*Odds*比：$\exp(-0.571-(-1.609))=2.82$

フレンチ/和食の*Odds*比：$\exp(-0.511-(-1.609))=3.00$

肉が食材の場合は和食で挑戦するよりも中華やフレンチで挑戦したほうが約3倍の改善効果，すなわち勝つ確率が上がるのです．

次に，料理対決で鉄人と挑戦者のどちらが勝つかを予測することを考えます．通常は読み誤るリスクはどちらに転んでも同じであるとして，ロジットの世界で0を閾値にします．本例で閾値=0として，勝負を予測するとすべて鉄人の勝ちになってしまいます．鉄人は大相撲の横綱と同じでめったなことでは負けないのです．そこで，鉄人が敗れるダメージのほうが大きいと考えて，挑戦者が勝つ確率の境界を0.5から0.33(1/3)まで下げて考えます．ロジットの世界での閾値はほぼ−0.7です．この値の仕分けは**表3.2**のハッチングした条件に当たり，挑戦者の可能性に賭ければよいかもしれません．でたらめに挑戦者の勝ちを予測するよりロジットの世界で閾値を設けて仕分けするほうが論理的です．

閑話休題，降水日の話もテニス勝敗の話も確率を予測することが目的ではなく，最終的にどちらを選んだほうがよいのかを決めることです．このような問題を**判別問題**といいます．判別問題は2種類あります．1つはあらかじめ分類すべき群の情報をもっており，各群の特徴を表す複数の特性が観測された状況下を考える場合です．このとき，新しい個体の特性だけが観測された場合，その個体はどの群に属するのかを問う問題です．この場合は，属する群を表す名義尺度の変数は標本誤差を含みません．用意した複数の特性が標本誤差をもちます．この問題では判別ルールを作るために集められた標本はどちらの群に属するかはあらかじめはっきりしていて，標本として集められた個体の特性が標本誤差をもつと考えているモデルです．このため，この判別問題は母平均の差の検定の拡張といえます．そして，この問題を解決する方法が**判別分析**です．判別分析では，各群の**母分散・母共分散**が等しく，ともに正規分布に従っているという制約をつけます．この意味で，判別分析は**対称判別問題**とよばれます．対称判別問題の例として，市場で出回った偽札がどのメーカーのプリンタで作られたものなのかを調べる場合や，異なる農園で栽培されたコーヒー豆の特性を比較したい場合などが挙げられます．

一方，鉄人の料理対決やテニスの勝敗などは判別される側の名義尺度の変数が標本誤差をもつモデルです．実際は，勝つか負けるかの 2 値の値しか観測できないのですが，そのような事象が起きる確率を予測し，確率の閾値を 50%として勝ち負けを予測するというものです．このために使われる方法が**ロジスティック判別**になります．

少し具体的な話をしましょう．ある企業では部品 Z に部品 W を組み付けたユニットを製造しています．増産のために，部品 Z を別の会社(委託先)にも生産を委託して対処しようとしました．ところが，量産試作品に組付け不良が発生したのです．調べたところ，組付け不良は委託先が製造した部品の一部にのみ発生していました．実際の不良率は小さな確率です．そこで，まず手元にある大量の良品から無作為抽出して，不良品との個数調整を行います．その後で，良品と不良品を定量的に比較します．このようなデータの作り方は品質管理活動ではよくある話です．品質管理活動では不良だけの情報で判断しては過ちを犯すので，良品と不良品を見比べて，その差異が何かを調べることが推奨されています．従来の品質管理では，このようなデータに対して伝統的に判別分析を使っていました．このやり方は結果を層別因子として扱い，原因を目的変数とした判別になっています．品質の良否は結果であり，異なる 2 群からの選択ではないので本当は誤用です．

話を戻します．**図 3.6** 左を見てください．図中の下側の楕円は○で打点された集団の信頼率 95%の**確率楕円**です．この集団が自社工場で製造された部品 Z の分布です．一方，図中の上側の楕円が●と◆で打点された委託先で製造された部品 Z の信頼率 95%の確率楕円です．●が

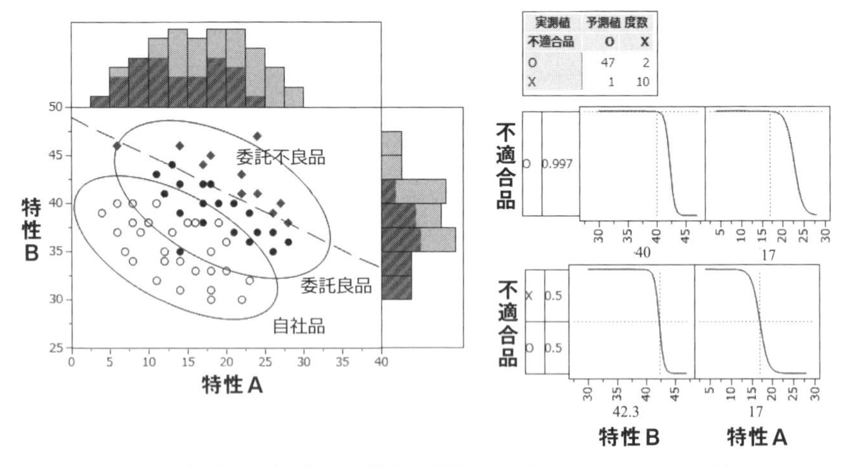

図 3.6 特性 A，特性 B の散布図(左)とロジスティック回帰の結果

良品，◆が不良品として区別されています．自社工場と委託先の違いに関し，それぞれの相関構造(母分散・母共分散)がほぼ等しい場合には，対称判別問題として判別分析を行えますが，説明してきたように良品・不良品に関しては対称判別問題として処理することはできません．このような場合にはロジスティック回帰を使って，予測確率 50％の閾値($z=0$)でロジスティック判別することが有効です．実際に計算してみると，

$$z=128.23-1.04\,\text{特性 A}-2.62\,\text{特性 B} \tag{3.4a}$$

という判別関数が得られます．この判別関数で，$z=0$ を与えて，特性 B を求める式に書き換えたものが，**図 3.6** 左の散布図に破線で描かれた直線です．以下の(3.4b)式を判別境界として良・不良の判断が可能になります．

$$\text{特性 B}=49.05-0.40\,\text{特性 A} \tag{3.4b}$$

ロジスティック回帰が非線形なモデルとして確率 p を予測するのに対して，ロジスティック判別ではロジットの世界 z で判別境界を定めるので，パラメータ推定が終われば，判別境界は線形モデルと同等に扱えます．説明変数が 2 つの場合の境界は**図 3.6** 左に示したように散布図上の直線で表すことができます．境界が直線で仕切られるので直感的な判断が容易です．

次に，得られたロジスティック判別の出来栄えを評価してみましょう．**図 3.6** 右上はロジスティック判別の判定結果の 2 元表です．誤判別された個体は 3 つしかなく，2 つの説明変数でうまく仕分けできたと考えます．その根拠として，**図 3.6** の右下のプロファイルを見てください．上側のプロファイルは良品になる確率がほぼ 1 になる条件です．下側のプロファイルは良品になる確率が 0.5，すなわち判別境界となる条件です．ロジスティック曲線が急峻であるほど狭い範囲で良品と不良品が選別できるから，判別がうまくなされたといえます．一方，ロジスティック回帰では発生確率 p の予測や制御が主眼です．説明変数のわずかな変化で発生確率 p の予測が大きく変化するので，頑健性の視点では好ましくありません．同じデータ分析であっても，目的により分析結果の読み方や判断が異なることに注意してください．

ロジスティック判別では，分析者にとって誤判別される個体が少ないほうがモデルとして優秀です．しかし，ロジスティック判別では誤判別の個数がゼロになる場合や極めて少ない場合は，**完全分離**あるいは局所的に完全分離という問題が生じ，パラメータが決まらない状況に陥ります．このような場合には，モデルに取り込む説明変数の数を減らすなどの工夫が必要になります．守備の名手がイージーな球の処理をミスすることがあるように，群の判別が明確な場合にロジスティック判別を用いると，変数選択時にソフトウェアから「完全分離になった」という警告を受け取るかもしれません．

目からウロコ 3.4：完璧な判別結果を望んではいけない

① ロジスティック回帰は非線形モデルですが判別境界は線形式で表せます．

② 判別問題では完全分離が起きるとロジスティック回帰のパラメータ推定ができないため，判別境界を正しく定めることができません．

3.5 多数の要望を叶える千手観音—多群判別の顔—

（良・不良）の判別問題に判別分析を用いる誤用がもう1つあります．田口玄一博士がトルストイの『アンナ・カレーニナ』の冒頭の一節を使って指摘したように，良品群を考えるのは意味があるのですが，不良現象は複数あり，その原因もそれぞれで異なるので不良の群を考えることは意味がないとする主張です．つまり，良品群の中心から人工的に定めた境界の外に出たから不良品となるのですから，不良品は1つの群にならないという考え方です．典型的な例を**図3.7**に示します．**図3.7**は**図3.6**左の散布図に不良B(▲)と不良C(▼)が追加されたものです．自社と委託先の違いを無視して3つの不良を判別する方法を考えます．このような判別問題は**非対称判別問題**とよばれています．ここでは，非対称判別問題にロジスティック回帰を適用するアプローチを2つ紹介します．1つは説明変数側に工夫をして良品群からの距離に着目した方法です．もう1つは複数の水準のある名義尺度の目的変数にロジスティック

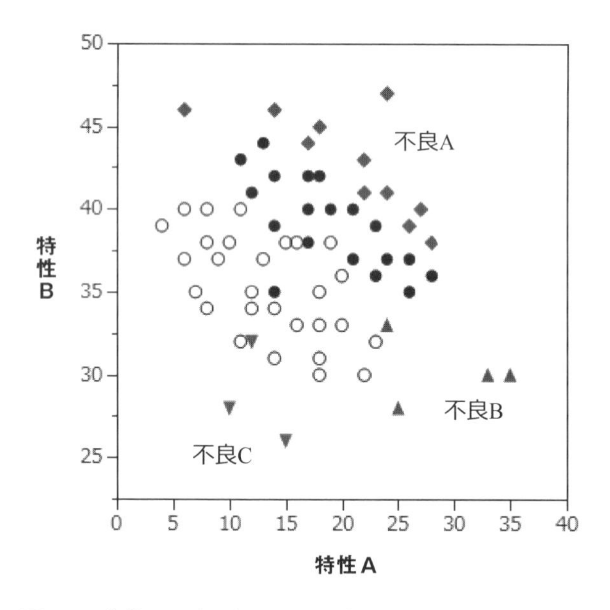

図3.7 複数の不良が観測された特性Aと特性Bの散布図

回帰を適用して判別境界を求める方法です．

はじめに，説明変数側に工夫を凝らす2次判別のアプローチを紹介します．この方法は不良の分類は行わず良品の発生確率を計算して，あらかじめ設定した閾値を下回れば不良が発生するという考え方になります．本例では特性Aと特性Bの平面に発生確率pの応答曲面を作ります．そのために，説明変数に特性Aと特性Bの主効果に加えて，それらの交互作用，および特性Aと特性Bの2次項を追加したモデルを考えます．ソフトウェアを使ってモデルを作ると以下のロジスティック回帰式が得られました．

$$\begin{aligned}\hat{z}=&19.53-0.271x_1-0.048(x_1-17.075)^2\\&-0.093(x_1-17.075)(x_2-37.04)-0.200x_2\\&-0.170(x_2-37.04)^2\end{aligned}\tag{3.5}$$

x_1：特性A，x_2：特性B，z：ロジット

(3.5)式を使い，ロジットzが0となる判別境界を描きます．その結果が**図3.8**左に描画された楕円になります．楕円内の領域に良品が打点され，楕円の外に複数の不良が打点されています．

次に，名義尺度の目的変数が多水準ある場合のロジスティック判別を紹介します．(良・不良)の出現確率は2項分布を仮定していましたが，ここでは水準数が(良・不良A・不良B・不良C)の4つに増えたので**多**

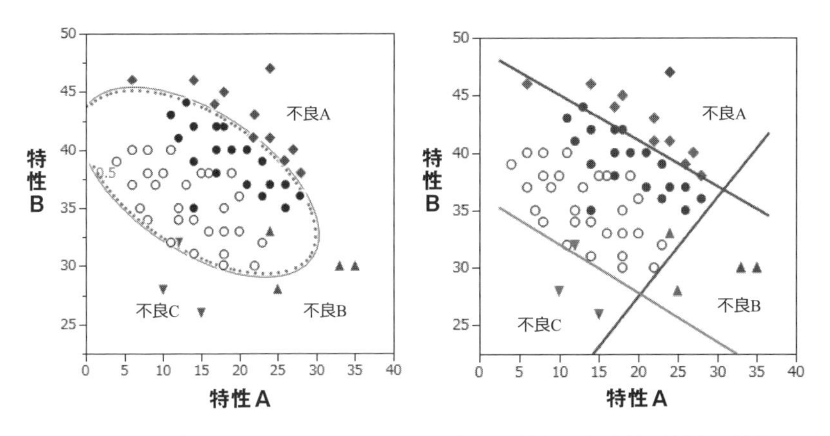

図3.8　ロジスティック回帰を用いた2次判別(左)と多群判別(右)の結果

項分布を仮定します．多項分布の構成比率をロジスティック分布のS字型曲線で近似するのですが，それぞれのロジスティック分布のパラメータは別々の推定値と別々の分散をもつモデルを考えます．これは不良のメカニズムは不良原因ごとに違うと考えたからです．分析のイメージは，良品群を基準に不良項目別の2群のロジスティック判別を行い，その結果を統合したものと考えてください．**図3.8**右が多群判別で求めた判別境界です．この場合は3本の直線で境界が仕切られています．以下に，得られた3つのロジスティック回帰式を示します．ここで，x_1は特性Aを，x_2は特性Bを表し，z_Aは不良Aに対する良品のロジスティック回帰式です．同様に，z_Bは不良Bに対する良品の，z_Cは不良Cに対する良品のロジスティック回帰式です．

$$\left\{\begin{array}{ll} z_A = & -128.232 + 1.040x_1 + 2.615x_2 \\ z_B = & 8.834 + 0.746x_1 - 0.865x_2 \\ z_C = & 67.300 - 0.787x_1 - 1.855x_2 \end{array}\right\} \tag{3.6}$$

また，各グループの発生確率の予測は，例えば不良Aの発生確率の予測は(3.7)式で予測することができます．

$$\hat{p}_A = \frac{1}{1 + \exp(-z_A) + \exp(z_B - z_A) + \exp(z_C - z_A)} \tag{3.7}$$

さらに，良品の発生確率は以下の式で予測することができます．

$$\hat{p}_O = \frac{1}{1 + \exp(z_A) + \exp(z_B) + \exp(z_C)} \tag{3.8}$$

目からウロコ3.5：良・不良の判断に通常の判別分析は使えない

① 判別分析は群が原因で特性が結果というモデルです．

② 判別分析は非対称判別問題に使えません．

③ 非対称判別問題には名義ロジスティック回帰や2次ロジスティック回帰が活用できます．

3.6　希望の窓を開く陰陽師—機能窓の顔—

機能窓法は元ゼロックス社のクロージング博士が複写機の給紙問題に適用したことが始まり[4]といわれています．給紙問題では不送と重送といった不具合は背反する項目でP_B(分離圧)などの制御因子によって，一方の不具合を減らそうとすると，もう一方の不具合が増加する傾向にある問題を解決しなければなりません．重送の生じ始めるP_Bと不送が生じ始めるP_Bの差を給紙機構が正常に機能する領域という意味で機能窓と称しています．このような問題では，単に両者のバランスをとるだけでなく，両者を全体的に減少させる必要があります．この機能の窓を拡げることを目的としたデータ分析にロジスティック回帰を適用することができます．機能の窓の境界にS字型曲線を考えて，その曲線にロジスティック分布の分布関数を当てはめるのです．このアイデアは宮川博士[4]によって提案されました．給紙問題以外にも，プリント基板の自動半田つけ工程のショートとオープンへの適用や，薬の効果と安全性(副作用)の関係，入れ歯のための接着剤，悪質な詐欺メールをブロックするためのフィルターの開発など，身近な例はいくつもあります．

ここでは，給紙問題を単純化して不送と重送にT_A(ローラトルク)とP_Bの2つが影響を与えるとします．不送あるいは重送が起こりやすい5種類の特殊紙を用意してT_AとP_Bの値をいろいろと変更して給紙機構の評価を行います．**図3.9**は紙Aの評価結果をバブルチャートで表したもので，バブルの大きさが発生確率の違いを表しています．**図3.9**の横軸のP_Bの値が小さい側(100未満)が不送の様子を表したもので，濃いバブルです．バブルが大きいほど正しく紙送りが行われた確率が大きくなります．また，P_Bの値が大きい側(100以上)が重送の様子を表したもので，薄いバブルのバブルが大きいほど重送の発生確率が大きいことを表します．2種類のバブルで囲まれた部分が正常に紙送りされる機能窓の領域になります．T_AとP_Bの両方に対数をとるのはロジットzの世

4)　機能窓法へのロジスティック回帰の適用の考え方は，宮川雅巳(2000)：『品質を獲得する技術』(日科技連出版社)に詳しく述べられている．

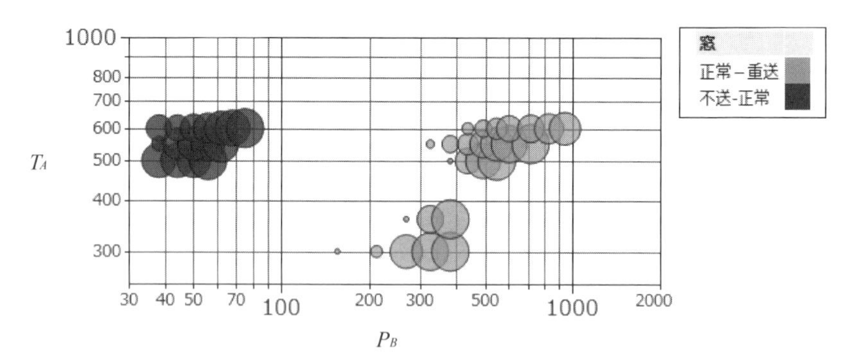

注） バブルの大きさが発生確率に対応している.

図 3.9 紙 A の不送と重送の様子

界で不送と重送の回帰の傾きが同じになるように考慮したためです.

図 3.9 では機能窓をグラフィカルに表示したものですが，定量的な機能窓の領域を定めることができないかを考えます．給紙機構は，ある適当な条件で P_Bを変化させ，その値が小さいと不送が発生します．P_Bを少しずつ強くしていくと，やがて，ある境界域を境にして適正動作域，すなわち1枚の紙を正確に送り出す領域に入ります．このとき，1枚の紙を送り出す確率 $\pi_1(x)$の分布にロジスティック分布を考えます．さらに，P_Bを強くすると，今度はある境界域から重送が始まります．このとき重送を起こす確率 $\pi_2(x)$の分布にもロジスティック分布を仮定し，同じ分散をもつと仮定します．お互いの母平均の差の標準化距離(正確には定数倍)，$(\mu_2-\mu_1)/\sigma$ が2つの分布の離れ具合を表現します．すると，$\pi_2(x)-\pi_1(x)$が正常な紙送りを行う確率になります．このとき，2つのロジスティック分布の分布関数のロジットを考えれば，

$$\begin{cases} z_1=\alpha_1+\beta x \\ z_2=\alpha_2+\beta x \end{cases} \tag{3.9}$$

となります．機能窓を最大にする最適な x を改めて，x^*とすると，

$$x^*=(\mu_2+\mu_1)/2=-(\alpha_1+\alpha_2)/2\beta \tag{3.10}$$

です．機能窓法のロジスティック回帰では，3つのパラメータを推定する必要があります．それには量的変数の P_Bに以下のようにダミー変数

を1つ追加すればよいのです.

$$d=\begin{cases} 1\cdots\text{不送を起こさない場合} \\ -1\cdots\text{重送を起こす場合} \end{cases}$$

このときのダミー変数の推定値が，それぞれの α_1 と α_2 の推定値になります．ロジット z の世界では等分散の仮定から，同じ傾きをもつ2本の回帰直線に囲まれた領域が機能窓になるのです.

ここでは，制御因子に T_A と P_B を取り上げます．また，2つのロジスティック回帰の T_A と P_B の推定値が等しくなるよう，ともに対数をとり，不送と重送の違いを表すダミー変数を加えてロジスティック回帰を行いました．詳細な分析をしたければ，紙種の効果をモデルに取り込めばよいでしょう.

目からウロコ 3.6：ロジスティック判別がトレードオフを解決する

① トレードオフは線形モデルでは解決できません.

② ダミー変数を使って2つのロジスティック回帰式を計算すると，機能する領域(機能窓)を探すことが可能です.

図 3.10 がロジスティック判別を用いた機能窓法の結果のグラフです．判別の閾値は50%としました．上側の破線が不送側のロジスティック判別の境界であり，下側の破線が重送側のロジスティック判別の境界です．破線で囲まれた領域が機能窓になります．2つの破線は，以下の式で表すことができます.

$$T_A=\exp\left\{2.390+\begin{pmatrix} 1.081\cdots\text{不送} \\ -1.081\cdots\text{重送} \end{pmatrix}+0.776\ln(P_B)\right\} \qquad (3.11)$$

簡単のために，(3.11)式では紙種の効果は考慮していません．また，中央の直線が機能窓の中心線であり，指数関数内の第2項を0とした，以下の式を使い規格を定めます.

$$T_A=\exp\{2.390+0.776\ln(P_B)\} \qquad (3.12)$$

例えば，$P_B=100$ とした場合には T_A の値を390と定めるのです．また，2つの破線の濃いバブルが紙Aの発生確率を表しています.

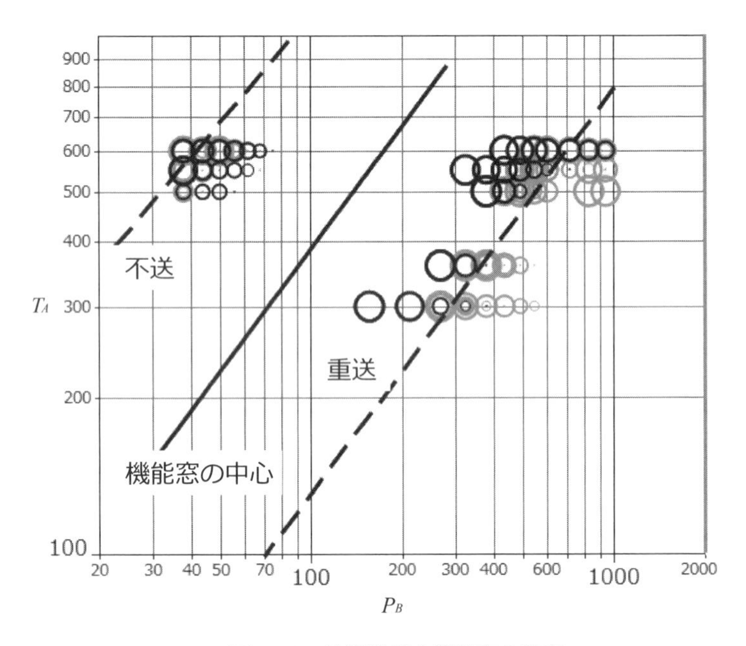

図3.10　給紙機構の機能窓の設定

3.7　おつまみは1対比較のデータ—官能評価の顔—

ワインや吟醸酒などの美味しさのように，人の五感や好みによって対象を評価する場合，対象に点数をつけることはなかなか大変です．そこで，2つずつ対にしてどちらがよいかを多くの評価者に判定してもらう方法が用いられます(**図3.11**)．このような方法を**1対比較法**とよびます．例えば，5つのワインの銘柄について比較した結果を**表3.3**に示します．**表3.3**では，行の対象が列の対象より美味しいとされた度数が示されています．A_1がA_2より美味しいとされた度数は14，A_1がA_2より美味しくないとされた度数は6になります．単にどちらが良いかだけを評価するだけでなく，**図3.11**のように，その違いを対象iが対象jに比べて半定量的に評価できるときにはシェッフェの方法を使います．

シェッフェの方法で得られた観測値は**表3.3**のようにまとめられます．**表3.4**のブラドリー・テリーの方法では対象iのよさをπ_iとしたと

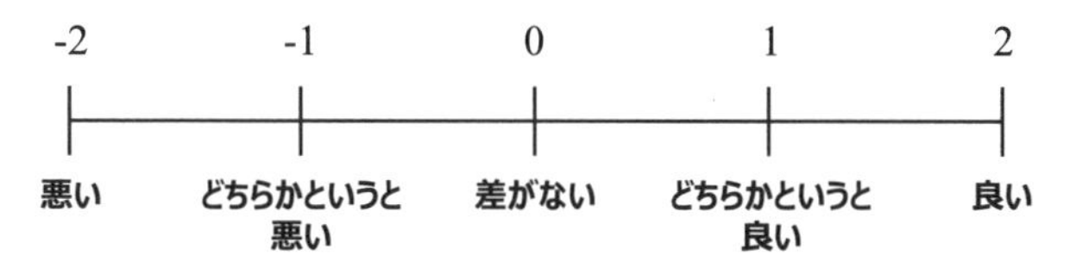

図 3.11　対比較法における評価例

表 3.3　シェッフェ型

先・後	-2	-1	0	1	2
A_1・A_2	1	1	1	2	5
A_1・A_3	0	0	2	2	6
A_1・A_4	1	2	0	1	6
A_1・A_5	0	0	1	3	6
A_2・A_3	2	1	3	2	2
A_2・A_4	2	0	2	4	2
A_2・A_5	0	0	1	4	5
A_3・A_4	1	1	0	5	3
A_3・A_5	1	1	4	1	3
A_4・A_5	3	3	1	2	1

先・後	-2	-1	0	1	2
A_2・A_1	5	1	1	2	1
A_3・A_1	6	1	0	3	0
A_4・A_1	5	3	0	2	0
A_5・A_1	3	3	0	2	2
A_3・A_2	1	3	3	2	1
A_4・A_2	2	5	0	3	0
A_5・A_2	5	4	0	1	0
A_4・A_3	0	5	3	2	0
A_5・A_3	1	3	4	1	1
A_5・A_4	0	1	1	1	7

表 3.4　ブラドリー・テリー型

	A_1	A_2	A_3	A_4	A_5
A_1	—	14	16	15	15
A_2	6	—	11	14	18
A_3	4	9	—	14	12
A_4	5	6	6	—	6
A_5	5	2	8	14	—

きに，対象 i と j を比較すると，対象 i がよいとされる確率 π_{ij} が，

$$\pi_{ij}=\frac{\pi_i}{\pi_i+\pi_j} \tag{3.13}$$

で表されるものと仮定しています．観測された割合 p_{ij} を，

$$p_{ij}=r_{ij}/n_{ij} \tag{3.14}$$

とします．ここで，n_{ij} と r_{ij} は，対象 i と対象 j の比較回数と対象 i がよいとされた回数です．なお，π_i は比率のみが意味をもつ変数なので，次の条件を加えて一意に決めることができます．

$$\sum\pi_i=1 \tag{3.15}$$

ブラドリーとテリーは p_{ij} から最尤法によって π_i を推定する方法を提案しました．しかし，ブラドリー・テリーの方法は各対についての観測個数 n_{ij} がすべて等しい場合だけが対象です．現場では同数で計画したものの，得られた観測値の数が一致しないということはしばしば起きます．また，対象のよさについて事前に情報がある場合には，明らかに差のあることが予想される対については比較を省略して，その労力をよさが接近した別の対の比較に回したほうが推定精度は向上します．このような計画で得られたデータはアンバランスになり，従来の方法では分析できません．また，商品開発の現場では1対比較に用いる試料の特性は意図的に変えることができます．このときは，直接，1対比較法の効果と特性との関係を知りたくなります．実験的に作成された試料による1対比較のデータに対し，角田･廣野[5)]はロジスティック回帰を応用することを提案しました．以下，角田・廣野の方法を簡単に紹介します．

対象iと対象jの良さの比の対数を(3.13)式から求め，変形すると，

$$\ln\left(\frac{\pi_i}{\pi_j}\right)=\ln(\pi_i)-\ln(\pi_j)=\alpha_i-\alpha_j \tag{3.16}$$

が得られます．これから対象iの良さをα_iで表すこともできます．さらに，この式は以下になり，最後の式はロジット変換に他なりません．

$$\ln\left(\frac{\pi_i}{\pi_j}\right)=\ln\left(\frac{\pi_{ij}}{\pi_{ji}}\right)=\ln\left(\frac{\pi_{ij}}{1-\pi_{ij}}\right) \tag{3.17}$$

これから，観測された割合p_{ij}のロジットを目的変数とするロジスティック回帰を適用すると，良さα_iを推定できます．したがって，ロジスティック回帰は，以下のようになります．

$$z_{ij}=\ln(p_{ij}/p_{ji})=\alpha_i-\alpha_j+\varepsilon_{ij} \tag{3.18}$$

α_iは差のみが意味をもつ量なので，以下の制約を加えて推定できます．

$$\sum\alpha_i=0 \tag{3.19}$$

(3.19)式にもとづいてα_iの推定値a_iが得られたら，π_iの推定値p_iは，

$$p_i=\exp(a_i)/\sum\exp(a_i) \tag{3.20}$$

として求めることができます．**表3.4**からA_1がA_2よりも良いとされた度数は14，A_1がA_2よりも悪いとされた度数は6です．これから，

$$z_{12}=\ln\left(\frac{p_{12}}{p_{21}}\right)=\ln\left(\frac{r_{12}}{r_{21}}\right)=\ln\left(\frac{14}{6}\right)=\alpha_1-\alpha_2+\varepsilon_{12} \tag{3.21}$$

---

5) 角田幸一・廣野元久(2006)：「特開2006-177682」「画像形成装置の音質改善方法，画像形成装置の製造方法，画像形成装置の改造方法および画像形成装置」で1対比較法に心理音響パラメータを取り入れる方法を提案している．

という式が導かれます．これを，

$$z_{12}=\alpha_1\times(1)+\alpha_2\times(-1)+\alpha_3\times(0)+\alpha_4\times(0)+\alpha_5\times(0)+\varepsilon_{12} \quad (3.22)$$

と書き直します．α_iにかかる括弧内の値(1，−1，0)が説明変数x_i(ここでは5変数)となります．この説明変数群を計画行列$\boldsymbol{X}$で表すると，**表3.5**に示すようなロジスティック回帰を行うためのデータ行列が作れます．**表3.5**でのrの列は優劣の度数です．yの列は対象の違いを表す名義尺度で，r_{ij}を1，r_{ji}を2で表しています．ロジスティック回帰を実行する際に，効果の差に着目しているので，切片を0にしたモデルを考えます．以上から，目的変数にy，重み変数にr，説明変数群にx_1～x_5を指定します．切片を0にした分析を行うと，以下の推定値が得られます．

$$\begin{cases} x_1=\alpha_1-\alpha_5= \ \ 1.408 \\ x_2=\alpha_2-\alpha_5= \ \ 0.883 \\ x_3=\alpha_3-\alpha_5= \ \ 0.443 \\ x_4=\alpha_4-\alpha_5=-0.282 \\ (x_5=\alpha_5-\alpha_5= \ \ 0.000) \end{cases} \quad (3.23)$$

(3.23)式の上から下を足すと2.453となるので，これを−5で除すと$a_5=-0.491$が求まります．この値を使い，順次，

a_1	a_2	a_3	a_4	a_5
0.917	0.393	−0.048	−0.772	−0.491

表3.5　ロジスティック回帰用に書き換えたデータ表

No.	x_1	x_2	x_3	x_4	x_5	r	y
1	1	-1	0	0	0	14	1
2	1	0	-1	0	0	16	1
3	1	0	0	-1	0	15	1
4	1	0	0	0	-1	15	1
5	1	-1	0	0	0	6	2
6	0	1	-1	0	0	11	1
7	0	1	0	-1	0	14	1
8	0	1	0	0	-1	18	1
9	1	0	-1	0	0	4	2
10	0	1	-1	0	0	9	2

No.	x_1	x_2	x_3	x_4	x_5	r	y
11	0	0	1	-1	0	14	1
12	0	0	1	0	-1	12	1
13	1	0	0	-1	0	5	2
14	0	1	0	-1	0	6	2
15	0	0	1	-1	0	6	2
16	0	0	0	1	-1	6	1
17	1	0	0	0	-1	5	2
18	0	1	0	0	-1	2	2
19	0	0	1	0	-1	8	2
20	0	0	0	1	-1	14	2

と計算します．また，(3.20)式の分母は，以下のように求まります．

$$\exp(0.917)+\exp(0.393)+\cdots+\exp(-0.491)=6.012 \quad (3.24)$$

したがって，ブラッドレー･テリーのパラメータπ_iの推定値p_iは，

p_1	p_2	p_3	p_4	p_5
0.41633	0.24639	0.15859	0.07685	0.10184

と計算できるのです．**表 3.5** の説明変数の値(−1, 0, 1)は比較する試料を表すダミー変数です．実際の試料には物理的な値が観測されています．ここでは，プリンタの騒音が測定されたものであるとし，音圧レベルが以下のように測定されていたとします．

A_1	A_2	A_3	A_4	A_5
$45dB$	$50dB$	$53dB$	$57dB$	$55dB$

目的は音圧レベルの大きさにより，効果あるいはブラッドリー･テリー法のパラメータを説明できるかどうかです．上記のモデルは，2つの試料の優劣が二項確率的に決まるというものです．その確率が試料間の物理特性の差に依存すると考えれば，(3.21)式は以下のように書き換えられます．

$$z_{12}=\ln\left(\frac{p_{12}}{p_{21}}\right)=\ln\left(\frac{r_{12}}{r_{21}}\right)=\ln\left(\frac{14}{6}\right)=b_1(x_1-x_2)+\varepsilon_{12} \quad (3.25)$$

(3.25)式のx_iが音圧レベルになります．つまり，音圧レベルの差が優劣の度数に影響を与えるモデルが作れました．角田･廣野モデルでは**表 3.5** のデータを**表 3.6** のように書き換えたデータを分析するのです．

ロジスティック回帰を実行する際は効果の差に着目しているので，この場合も切片を0にしたモデルを考えます．すなわち，目的変数にy，重み変数にr，説明変数に音圧レベルの差x_i-x_jを指定し，切片に0の制約をつけた分析を行うのです．得られたモデルから，音圧レベルの差によりA_iがA_jよりも良いとされた確率pを推定できます．つまり，

$$p_{ij}=1/[1+\exp\{0.144(x_i-x_j)\}] \quad (3.26)$$

からA_1とA_2を1対比較したときにA_2が良いと判定される確率p_{12}は0.67と推定できます．(3.26)式は物理特性の差の回帰式なので，アンバランスになった1対比較の結果にも適用可能です．また，分析結果の

表3.6 試料の物理量を加味したデータ

No.	x_i	x_j	x_i–x_j	r	y
1	45	50	−5	14	1
2	45	53	−8	16	1
3	45	57	−12	15	1
4	45	55	−10	15	1
5	45	50	−5	6	2
6	50	53	−3	11	1
7	50	57	−7	14	1
8	50	55	−5	18	1
9	45	53	−8	4	2
10	50	53	−3	9	2
11	53	57	−4	14	1
12	53	55	−2	12	1
13	45	57	−12	5	2
14	50	57	−7	6	2
15	53	57	−4	6	2
16	57	55	2	6	1
17	45	55	−10	5	2
18	50	55	−5	2	2
19	53	55	−2	8	2
20	57	55	2	14	2

再現性を確認した追加実験の評価にも活用できます．ただし，(3.26)式は相対評価式なので，モデルの切片をどこにおくかに問題が残ります．そこで，実験に使用した試料の物理特性の平均を擬似的 $x_j{}^*$ として，そこからの優劣を判定すればよいでしょう．例えば，平均 $x_j{}^*=52$ を基準点としたときの相対的な優劣の確率モデルは，以下のとおりです．

$$p_{i\bullet}=1/\{1+\exp(0.144x_i-7.488)\} \tag{3.27}$$

なお，物理特性が複数ある場合も同様の考え方で拡張できます．実際のプリンタにおける不快音の分析では，以下の5つの心理音響パラメータを使ってロジスティック回帰式を推定し，静音設計を行っています．

$$z=-16.90+0.16x_1+0.34x_2+1.18x_3+10.67x_4+2.91x_5 \tag{3.28}$$

x_1：音圧レベル(音波による気圧の変化量)

x_2：ラウドネス(人が感じる音の大きさ)

x_3：シャープ性(高周波数成分の相対的な含有量)

x_4：トーナリティ(純音声分の含有量)

x_5：インパルシブネス(衝撃性の指標)

また，シェッフェの方法でも次節で紹介する累積ロジスティック回帰を活用することで簡単に本方法の拡張ができます．

目からウロコ 3.7：1対比較法も回帰式で表せる

① 1対比較法は相対比較を行う実験データの分析です．

② 1対比較法は実験計画法と同様に計画行列 $\boldsymbol{X}$ で表せます．

③ 比較する試料の差を(－1, 0, 1)のダミー変数を使い，優劣の発生確率を切片のないロジスティック回帰で表現できます．

3.8 序列をつける任侠の大親分―累積法の顔―

1961年～1988年のボルドーの赤ワインの格付け[6)]をボルドー地方の気象情報から予測することを考えます．格付けは3段階で，ランク1が不出来，ランク2が普通，ランク3が上出来という順序がついた順序尺度です．ここでは累積ロジスティック回帰を使った分析方法を紹介します．このモデルでは，順序カテゴリの効果(発生確率)を回帰の切片で表現するモデルになります．**3.6節**の機能窓法に近い考え方です．このモデルの仮定は順序カテゴリの分散は互いに等しいというものです．赤ワインの格付けでは各順序カテゴリのロジットと発生確率は，以下の式で表すことができます．

- ランク1　　　　　：$z_1 = \alpha_1 + \beta x$，$p_1 = 1/\{1 + \exp(-z_1)\}$
- ランク1＋ランク2：$z_2 = \alpha_2 + \beta x$，$p_1 + p_2 = 1/\{1 + \exp(-z_2)\}$　(3.29)
- ランク3　　　　　：　　　　　　　$p_3 = 1 - (p_1 + p_2)$

このとき，p_1はランク1の発生確率，p_2はランク2の発生確率，p_3はランク3の発生確率とします．**図3.12**は赤ワインの格付けに累積ロジスティック回帰を適用したグラフです．**図3.12**では，育成期平均気温が高ければランク3の発生確率が上がることがうかがえます．機能窓法

6) 廣野元久(2018)：『JMPによる技術者のための多変量解析』(日本規格協会)よりデータを引用した．もともとは，イアン・エアーズ著，山形浩生訳(2007)：『その数学が戦略を決める』(文藝春秋)のなかでオーリー・アッシェンフェルターの赤ワインの回帰分析が紹介され，我が国でも大きな反響があった．本例はオーリーのアイデアに刺激を受けた物語になっている．

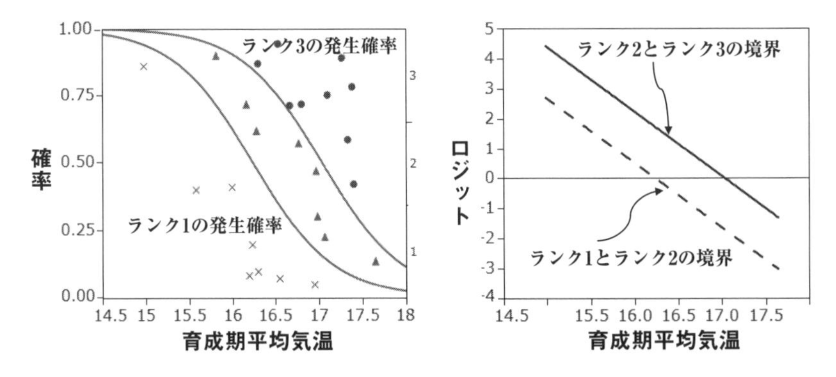

図 3.12　累積ロジスティック回帰のイメージ

では，ランク 1 とランク 2 の境界とランク 2 とランク 3 の境界に挟まれた領域を機能窓と考えました．累積ロジスティック回帰では機能窓という概念はなく，各ランクの発生確率，正しくは累積発生確率を予測するモデルになっています．

機能窓法と同様に，ロジット z の世界で 2 本の平行線を回帰直線で表現(交互作用がない)するのは，説明変数のとる値によってランクの逆転を起こさせないために単純な制約を課しているためです．仮に，ランク 1 とランク 2 の境界の傾きとランク 2 とランク 3 の境界の傾きが異なった場合は，育成期平均気温のどこかで 2 本の直線が交差してしまいます．この意味で累積ロジスティック回帰では順序カテゴリの効果を回帰の切片で表現することは理にかなっているのです．実際に分析をしてみると，以下の式が得られます．

・ランク 1　　：$z_1=110.706-0.012x_1-6.609x_2+0.042x_3$
　　　　　　　　$p_1=1/\{1+\exp(-z_1)\}$

・ランク 2 以下：$z_1=114.198-0.012x_1-6.609x_2+0.042x_3$
　　　　　　　　$p_1+p_2=1/\{1+\exp(-z_2)\}$　　(3.30)

・ランク 3　　：$p_3=1-(p_1+p_2)$

ここで，x_1は冬の降雨量，x_2は育成期平均気温，x_3は収穫期降雨量です．このモデルを使って格付けの予測を行ったものが**図 3.13** に示すプロファイルです．現実的にボルドー地方の気象状況の変数には相関が生

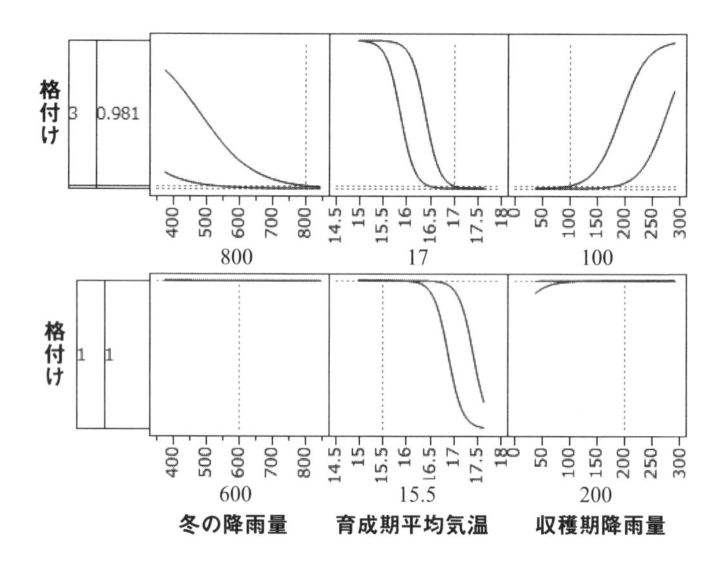

図 3.13　ボルドー地方の気象状況と赤ワインの格付け

じており，**図 3.13** に示したような気象条件が得られる保証はないのですが，便宜的な予測を行ってみたものです．

図 3.13 上は冬の降雨量が多いけれど，育成期平均温度が高く収穫期の降雨量の少ない年では格付けの予測は 3 となり，その確率は 0.98 と高い値となりました．一方，逆に**図 3.13** 下に示したように，育成期平均気温が低く，また収穫期降雨量が多い場合には冬の降雨量に関係なく格付けの予測は 1 となり，その確率は極めて 1 に近い値となりました．ロジスティック回帰による予測では，通常の回帰と異なり非線形で発生確率を予測するので，**図 3.13** の上下を見比べてわかるように，予測に用いる説明変数の値により，予測曲線は劇的に変化するのです．

目からウロコ 3.8：順序カテゴリの効果は切片で調整する

① 順序尺度の構成比率の予測には累積ロジスティック回帰

② 累積ロジスティック回帰の切片は順序カテゴリの効果

③ 説明変数の推定値は個々の順序カテゴリにかかわらず同じ

第4話　読者の知らない生存時間分析の世界

誰しも将来の予測に興味があることでしょう．厚生労働省から発表される平均寿命[1)]を気にしても，その値がどのように計算されたものかを知る人は少ないかもしれません．昨今，製品の安全・信頼にかかわるデータ改ざんや不正に厳しい目が向けられています．製品の安全・信頼の基礎になるのが信頼性工学です．信頼性工学の主役の１つである生存時間分析は時間を対象とした分析です．本章では生存時間分析に役立つ多変量解析を紹介します．

4.1　直感が真実を曇らせる

信頼性工学では最初に製品寿命の概念となる**バスタブ曲線**を学習します．人や製品が「オギャー」と生まれ，「ゆりかごから墓場(寿命が尽きる)まで」の死亡や故障の**ハザード**(危険度)を可視化したものが**バスタブ曲線**です．この曲線は名前が示すとおりバスタブ(西洋風呂)に似ています．バスタブ曲線を考察するうえで都合のよい確率分布が**ワイブル分布**です．ワイブル分布はバスタブ曲線との相性の良さに加えて製品などの寿命の推定に実績があり，信頼性技術者に重宝されています．

■お手軽なワイブル解析

人の死亡や製品の故障などが発生するまでの時間は**生存時間**とよばれます．生存時間分析では死亡や故障を**イベント**とよびます．また，生存

1)　平均寿命とは，厚生労働省が毎年発表する生命表のなかにある０歳の平均余命のことである．平均寿命は，保健福祉水準を総合的に示す指標として広く活用されている．平均余命の計算は，廣野元久(2017)：『目からウロコの統計学』(日科技連出版社)に説明がある．

時間は対数尺で扱うことが多いため正規分布が使われることは稀です．その代わりとなるものがワイブル分布です．ワイブル分布の確率密度 $f(y)$ や分布関数 $F(y)$ は難解な形をしているので敬遠されがちです．しかし，変数変換により簡単にパラメータ推定ができます．以下にワイブル分布の確率密度 $f(y)$ と分布関数 $F(y)$ を紹介します[2)]．

$$f(y)=m\frac{y^{m-1}}{\eta^m}\exp\left\{-\left(\frac{y}{\eta}\right)^m\right\}\quad (y\geq 0,\ \ m>0,\ \ \eta>0) \tag{4.1}$$

$$F(y)=1-\exp\left\{-\left(\frac{y}{\eta}\right)^m\right\} \tag{4.2}$$

y：生存時間，η：尺度パラメータ，m：形状パラメータ

生存時間 y と分布関数 $F(y)$ の関係は，(4.2)式の両辺に2度対数をとると，以下のように(4.3)式に示す単回帰式で表せます．なお，ギリシャ文字 η はイータと読みます．

$$\ln\{1-F(y)\}=-(y/\eta)^m$$

$$\ln[-\ln\{1-F(y)\}]=-m\ln(\eta)+m\ln(y) \tag{4.3}$$

我が国の信頼性工学ではワイブル分布のパラメータを η と m で表します．他の分野や他の国では α と β などで表す場合があります．(4.3)式を使い y の対数を横軸に，$1-F(y)$ に2回対数をとった $\ln[-\ln\{1-F(y)\}]$ を縦軸にしてグラフを作ります．このグラフは**ワイブル確率紙**とよばれます．ワイブル確率紙の使い方は簡単です．生存時間の短いほうから順に並べた $y_{(i)}$ $(i=1,\ 2,\ \cdots,\ n)$ とそれに対応する $F(y_{(i)})$ を用意します．このとき，$F(y_{(i)})$ の推定値として**累積故障確率** i/n を使います[3)]．このデータ対を(4.3)式のように変数変換した後でワイブル確率紙に打点します．

図4.1に示すように生存時間がワイブル分布に従う場合は，打点は右

2)　ワイブル分布のパラメータは η，m，γ の3つがあるが，通常の生存時間の分析では $\gamma=0$ の2パラメータワイブル分布を扱うことが多い．γ をもつ3パラメータワイブル分布は本書の範囲を超えているので取り扱わない．

3)　累積故障確率の計算はさまざまな推定方法が提案されている．比較的標本数が大きな $n\geq 50$ の場合は本文で示した i/n で計算する．それよりも小さな標本数の場合にはメジアンランク $(i-0.3)/(n+0.4)$ や平均ランク $i/(n+1)$ が使われる．

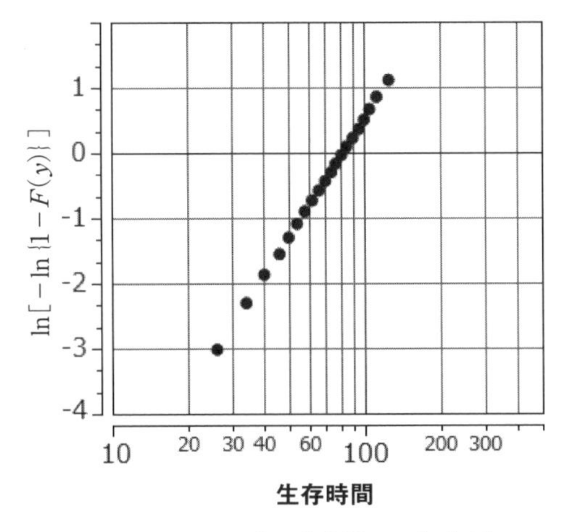

図 4.1 ワイブル確率紙への打点例

上がりの直線傾向を示します．打点に回帰直線($Y=b_0+b_1x$)を当てはめると，その傾きb_1がmの推定値です．回帰直線の切片b_0を使い，$b_0=-m\ln(\eta)$と$b_1=m$より，ηの推定値を$\exp(-b_0/b_1)$で求めます．ワイブル分布のパラメータを推定できれば，求めたい時点yの累積故障確率$F(y)$を推定できます．逆に，$F(y)$からyを逆推定することもできます．このようなワイブル確率紙を使ったパラメータ推定法は**ワイブル解析**とよばれ，古くから製品や部品の生存時間の推定に使われてきました．

ソフトウェアを利用すれば，変数変換を行うまでもなく生存時間yから最尤法によるパラメータ推定が可能です．パラメータ推定だけが目的であれば，ワイブル解析は過去の遺物です．しかし，ワイブル分布への当てはまり具合や打点の傾向を視覚的に観察するという意味で，今日でもソフトウェアのメニューで主役を張っています．ベテラン，老いを知らずというところです．

ところで，ワイブル分布のパラメータηとmは正規分布のパラメータがもつ意味とは異なります．正規分布の代表値μはご存知のとおり，平均であり中央値です．代表値として私たちの感覚にピッタリです．一方，ワイブル分布の代表値はηで**特性寿命**ともよばれるものです．ηは平均でも中央値でもなく，累積故障確率の63.2%点です．実務では生存時間の短い側に興味があるので，累積故障確率が63.2%になる時点を知るよりも，もっと小さい値，中央値や10%点などが得られる時点を知ることが重要です．企業は製品の寿命(製品が正常に稼働する期間)を顧客と約束しているので，製品が60%以上壊れるまでじっと待っていられないのです．累積故障確率が市場で許容されるα%(例えば10%)となる時点を知り，安全係数を見込んだ期間を設計で作り込みます．期間の長さや許容される累積故障確率の値は業界の慣習や製品の使われ方により変わります．

ワイブル分布のもう1つのパラメータmは正規分布の標準偏差σではなく生存時間の拡がりを表す形状パラメータで，mの逆数$1/m=\sigma$を使うこともあります．mの値が小さいほど生存時間のばらつきが大きいことを意味し，逆にmの値が大きいほどη付近で故障が集中して起きることを意味します．

■保険料を左右しかねないバスタブ曲線

厚生労働省が発表する生命表[4)]には**平均死亡率**という項目があります．例えば，40歳平均死亡率とは，ちょうど40歳まで生きている人を分母として，その人のなかで次の1年間(41歳の誕生日を迎える直前)で死亡した人を分子として計算した比率です．つまり，単位時間当たりの死亡危険度を計算した物騒な値です．年齢とともに平均死亡率が減少すれば死亡危険度が小さくなることを意味し，逆に平均死亡率が増加すれば死亡危険度が年齢とともに大きくなることを意味します．年齢を横軸に，平均死亡率を縦軸にしたグラフを作ると年齢別の死亡危険度を可視化できます．

図4.2は2000年と2015年の生命表から女性の平均死亡率の推移をグラフで比較したものです．どちらの調査年も多少のデコボコを無視すれば，平均死亡率の推移はバスタブ曲線です．2000年に比べて2015年の

---

4) 生命表は厚生労働省が毎年作成しており，完全生命表と簡易生命表などが公表されている．生命表は厚生労働省のウェブサイト(https://www.mhlw.go.jp/toukei/saikin/hw/seimei/list54-57-02.html)を参照されたい．

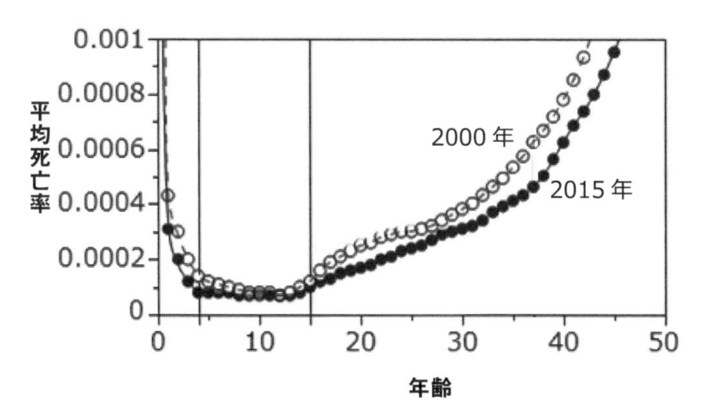

図 4.2　年齢と女性平均死亡率の関係

ほうがどの年齢でも死亡危険度は小さいことが読み取れます．平均死亡率の比から死亡危険度は 15 年で平均的に 1.3 倍減少した[5]と考えられますが，特に，15 年間で 30 歳以上の平均死亡率の低下が著しいことがわかります．これは，現在の健康志向の影響[6]かもしれません．

次に，年齢による平均死亡率の傾向を読み解きましょう．生まれてから 4〜5 歳までは平均死亡率が減少する傾向にあります．生まれた直後は生きるための耐性が弱く死亡危険度が高いのです．成長するに従って生きるための耐性が強くなり死亡危険度はだんだんと小さくなります．学童〜学生時代の平均死亡率は小さな値で安定しています．この期間の死亡は自殺や不慮の事故によるものが多い[7]ので，平均死亡率を下げるには精神面のケアが大切なのかもしれません．日本は経済大国ですが世

5)　平均死亡率の比をハザード比というが，各年齢の平均死亡率の比を求めて，その平均を求めると約 1.3 倍ほど，2000 年の平均死亡率が高い．

6)　最近の健康ブームについての記述に，例えば，日本政策金融公庫が 2013 年に実施した健康志向の調査報告（https://www.jfc.go.jp/n/release/pdf/topics130312a.pdf）がある．2010 年 1 月以降の調査での健康志向は上昇傾向にあることが示されている．健康志向だけで平均死亡率の低下を説明できるわけではないが，健康志向は平均死亡率を下げる要因の 1 つであろう．

7)　厚生労働省が作成した死亡原因では，この年代の男性では不慮の事故や自殺，ガンが上位を占めている．女性では，自殺や不慮の事故，ガンが死亡原因の上位を占めている．厚生労働省のウェブサイト（https://www.mhlw.go.jp/toukei/saikin/hw/jinkou/suii09/deth8.html）を参照されたい．

界的に自殺率の高い国の1つといわれています[8]. 成人後, 30代中盤にかけて平均死亡率は緩やかに上昇し, 30代中盤以降は死亡率の上昇が顕著になります. 年齢とともに死亡危険度が確実に高まり, 保険料もそれに伴い上昇します. **図4.2**は50歳までを表したバスタブ曲線ですが, それ以降の平均死亡率はさらに増加傾向が強まります. 年齢とともに体の自己ケアが重要になってきます. 以上から生涯の死亡危険度はバスタブ曲線で表すことができ,

① 平均死亡率が減少する幼少期
② 平均死亡率がほぼ一定の成長期
③ 平均死亡率が増加する成熟・衰退期

の3つの期間に分類することができます. これが生存時間分析の基礎となる考え方です.

■製品寿命も# Me too バスタブ曲線

医療機器や事務機器などのメンテナンスが前提となっている製品では, 故障危険度から部品などの交換時期を予測し, 保全計画を立て, 故障する前に予防保全を行います. また, 照明器具や空調機器のように劣化による発火・発煙を防ぐために使用できる期間を定めている製品もあります. 故障危険度は平均死亡率に相当する(**平均**)**故障率**により評価されます. 統計学を使えば, 単位時間をどんどん短くして, 瞬時の状態である(瞬間)故障率を**ハザード関数** $\lambda(y)$ として表すことができます. $\lambda(y)$ は確率分布の確率密度 $f(y)$ を $1-F(y)$ で割って計算したものです. 生存時間がワイブル分布に従う場合には(4.4)式を使い, 求めたい時点のハザード値を推定できます. なお, ギリシャ文字 λ はラムダと読みます.

$$\lambda(y)=m\frac{y^{m-1}}{\eta^m} \tag{4.4}$$

図4.3は形状パラメータ m の違いによる $f(y)$ と $\lambda(y)$ の姿を表したものです. $\lambda(y)$ が減少する初期期間では $m<1$ のワイブル分布を用いま

8) 例えば, WHO(2014): Preventing suicide, a global imperative(https://www.who.int/mental_health/suicide-prevention/world_report_2014/en/)を参照されたい.

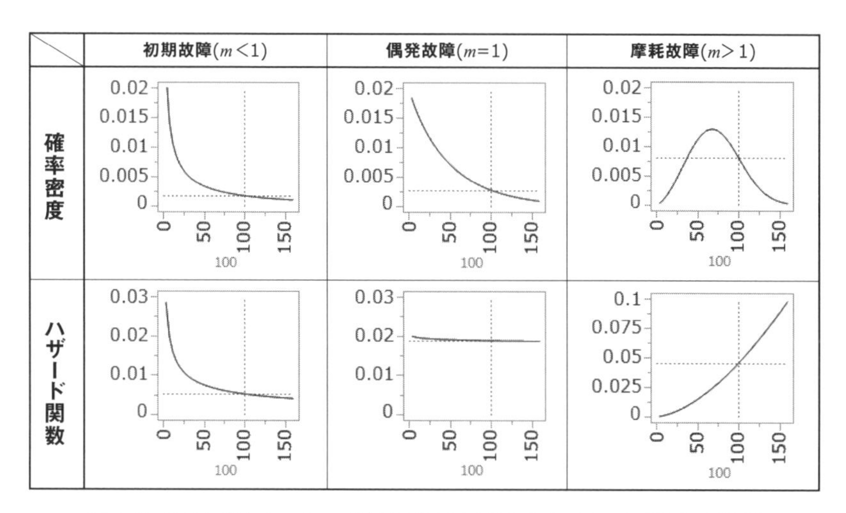

図 4.3 形状パラメータ m の違いを理解するためのワイブル分布の例

す．信頼性工学ではこの期間を**初期故障期間**といいます．初期故障というからには，暗に尺度パラメータ η が小さな値であることが期待されます．η が大きな値であると初期の故障とはいえなくなるからです．もっとも，その境界がどこなのかは扱う製品や部品によって変わります．次に，$\lambda(y)$ が一定の λ で安定する期間には m が 1 のワイブル分布を当てはめます．$m=1$ のワイブル分布は指数分布 $f(y)=\lambda\cdot\exp(-\lambda y)$，$F(y)=1-\exp(-\lambda y)$ になります．信頼性工学ではこの期間を**偶発故障期間**といいます．偶発故障というからには，時間に無関係に故障が発生するという意味があります．この期間の $\lambda(y)=\lambda$ が 1 番小さな値になり，偶発故障期間は概ね耐用期間に相当します[9)]．さらに，$\lambda(y)$ が増加する成熟衰退期間には $m>1$ のワイブル分布を当てはめます．信頼性工学では**摩耗故障期間**といいます．

都合がよいことに 3 つのモードのワイブル分布を混ぜると**図 4.4** のようなバスタブ曲線が得られます．**図 4.4** からわかるように，m の値を

9) 厳密には偶発故障期間と耐用期間は同じではない．耐用期間とは，「当該製品の標準的な使用状況と標準的な保守状況のなかで，部品を交換したり，修理を繰り返したりしても，その製品の信頼性・安全性が目標値を維持できなくなると予想される耐用寿命までの期間」を指す．耐用期間の設定は統一された基準はなく，各社の自己基準であるが，偶発故障期間を考慮して設定される．

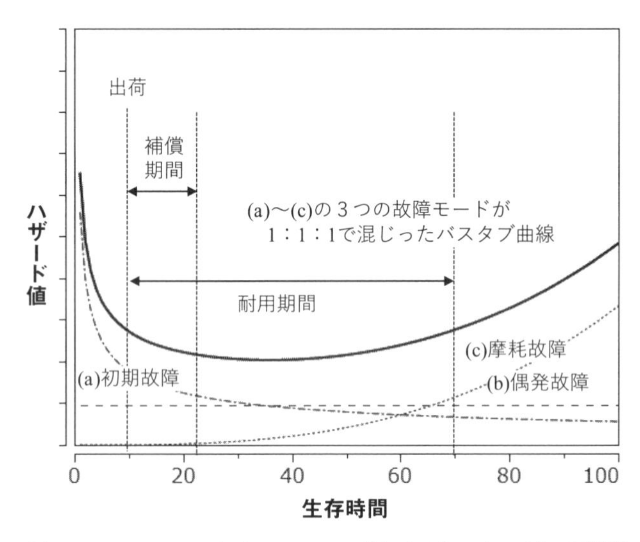

図 4.4　3 つのモードを 1：1：1 で混ぜて作ったハザード関数

使ってバスタブ曲線の３つの期間を説明できるのです．なお，**図 4.4** は見た目で理解しやすいように３つのモードのワイブル分布を１：１：１で加えて筆者が作成したものです．

以下では，半導体の例でバスタブ曲線の実務への応用を紹介します．半導体の生産工程ではわずかですが生存時間の短いものが混在して生産されます．これらのすべてを事前に選別したり，品質検査で取り除いたりできません．このため，出荷前に生存時間の短いものを**スクリーニング**という方法で破壊するプロセスを追加して，寿命の短いものが市場へ流出することを防いでいます．スクリーニングでは適切なストレスを与えて生存時間が尽きる時間を加速させます．

図 4.4 のバスタブ曲線を使ってスクリーニングの意義を説明します．スクリーニングにより，初期故障モードのハザード関数が落ち着く時点($y=10$)と同等な状態を短時間の加速試験で実現し，半導体を出荷するという考え方です．確率的には生存時間の短い半導体をすべて取り除くことはできません．このため，企業では生存時間の短い半導体が市場に流出した場合を考えて，補償期間(無償交換)を設けています．この期間(**図 4.4** では$9<y\leq 22$に相当)は，出荷から半導体のハザード値が安定

するまでのわずかな期間で，半年あるいは1年の補償が一般的です．

初期故障期間が過ぎると偶発故障期間に入ります．半導体は製品の中で正常に働き，顧客と約束した機能を発揮する期間です．この期間の故障率は十分に小さく，発生する故障の多くは顧客の使用環境の突発的なストレス(例えば雷サージなど)で起きると考えられています．しばらく偶発故障期間が続いた後，摩耗故障期間に入ります．半導体は少しずつ劣化し，摩耗故障に至るまでには長い時間がかかります．このため，摩耗故障に対する評価は半導体に強いストレスを加えた試験を行います．例えば，劣化を加速させて時間の短縮を図る工夫が行われます．強いストレスの代表的な因子は温度や湿度などです．このような試験を**加速寿命試験**といいます．加速寿命試験の結果にもとづいて摩耗故障期間に至るまでの時間や摩耗故障期間の状態を推定します．

このように製品開発ではバスタブ曲線を利用して，故障危険度の計算や信頼性・安全性の設計を行います．

■バスタブ曲線の落とし穴

信頼性工学の基礎となるバスタブ曲線ですが，実務で扱う場合には落とし穴があります．**図 4.2** に示した 2015 年の女性の年齢と平均死亡率の散布図の表示範囲を変えたものを**図 4.5**(a)～(d)に示します．同じデータから作ったグラフですが，表示範囲を変えると見た目が随分と変わります．

図 4.5(a)は全データ範囲でプロットしたものです．我が国では乳児の平均死亡率は低いので，全データ範囲でプロットするとほぼ 80 歳以降の高齢者の平均死亡率しか読み取れません．しかも，急激な平均死亡率の上昇が読み取れます．**図 4.5**(b)は平均死亡率の桁数を1桁下げて，横軸は 85 歳までを表示したものです．こちらは 40 歳あたりから平均死亡率の上昇が読み取れますが，40 歳以前の若い頃の平均死亡率を読み取ることはできません．**図 4.5**(c)は平均死亡率の桁数をさらに1桁下げて，横軸は 65 歳までを表示したものです．今度は生まれて数年間は平均死亡率が減少し，20 歳くらいから少しずつ平均死亡率が上昇して

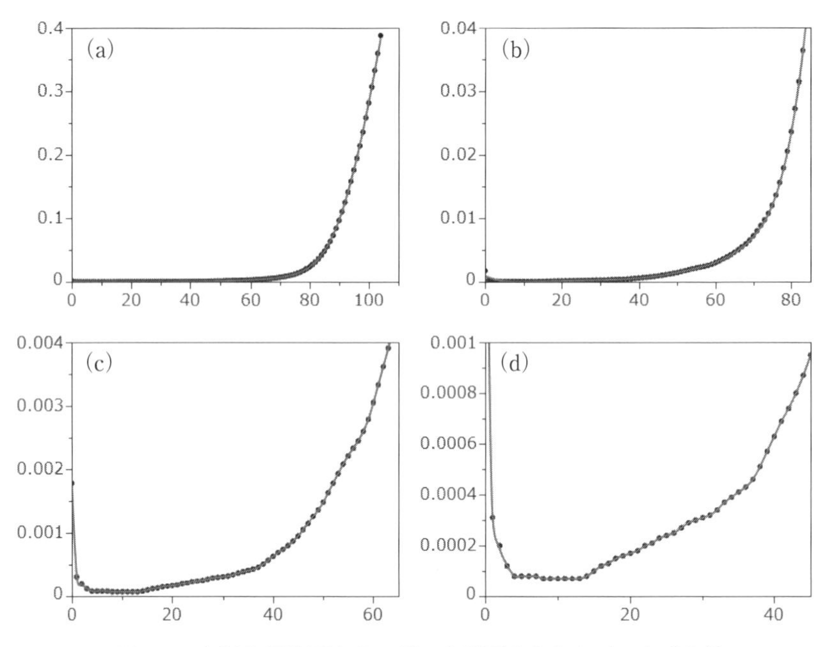

図 4.5 年齢と平均死亡率のデータ範囲を変えたバスタブ曲線

いるように見えます．**図 4.5**(d)はさらに平均死亡率を下げて，横軸は45歳までを表示したものです．信頼性の教科書で最初に教わる典型的なバスタブ曲線が現れました．

このように，バスタブ曲線では座標軸のデータ範囲を変えることにより，同じデータであっても見た目の印象が大きく変わる危険性があるのです．バスタブ曲線の読み違いを防ぐためには，データ範囲を自由に変更できる分析ソフトウェアを用いて，初期故障・偶発故障・摩耗故障の各モードの状態を正しく観察する必要があります．

目からウロコ 4.1：データ範囲で見た目が変わるバスタブ曲線

① バスタブ曲線はデータ範囲のとり方で見え方が変わります．

② バスタブ曲線は人や製品の生涯のリスクの推移を表すもので，複数の母集団が混在したものであるという認識が大切です．

4.2 悩ましい逆は真ならず

4.1 節では得られた標本の**生存時間**が初期故障・偶発故障・摩耗故障の 3 つのモードの順に現れる場合には，**図 4.4** のようなバスタブ曲線が得られることを学びました．ここで，あなたに質問です．

> **質問❶**：バスタブ曲線が得られるようなデータにワイブル解析を行うとどのような傾向が見られるでしょうか．

質問❶の答えです．**バスタブ曲線が得られるデータは複数の寿命分布が混在しています．そのようなデータにワイブル解析を行うとワイブル確率紙の打点は折れ曲がった傾向を示します．図 4.6** を使って説明します．判断対象の集団は異なるパラメータをもつ 3 種類のワイブル分布で表すことができるとします．3 種類のワイブル分布にそれぞれ初期故障・偶発故障・摩耗故障の分布を考えます．これら 3 つのワイブル分布から無作為に抽出された標本のハザード関数は**図 4.6** 中央のバスタブ曲線を描きます．この集団から得られた標本の観測値を使ってワイブル解析を行うと，**図 4.6** 右に示すように打点は折れ曲がった傾向を示します．信頼性工学では，伝統的に折れ曲がった打点に当てはまるように，複数の回帰直線を用います．この方法は，暗にハザード関数がバスタブ曲線で表されることを前提にしています．得られた複数の回帰直線から最初の回帰直線の傾きが明らかに 1 未満であれば初期故障モードに分類しま

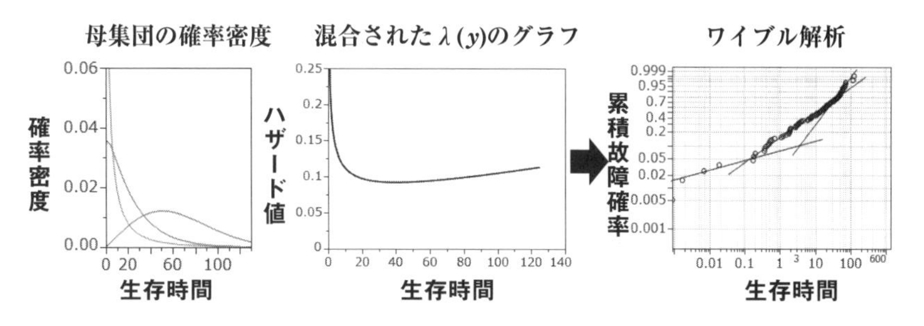

図 4.6　複数の母集団が混合された状態を複合モデルで分析した例

す．2番目の回帰直線の傾きがほぼ1であれば偶発故障モードに分類します．3番目の直線の傾きが明らかに1を超えていると摩耗故障モードに分類します．このように，製品の生涯をバスタブ曲線と3つのワイブル分布のハザード関数で結び付けて考えています．

このような考え方はグラフィカルで直感的である反面，誤解を生じることがあります．**図4.6**右のワイブル解析を見てください．小さい側の最初の4点は初期故障モードのワイブル分布を当てはめています．そうすると，この期間には偶発故障モードや摩耗故障モードの標本が混ざってはいけないのです．同様に回帰の傾きの推定値が1の期間では，初期故障モードや摩耗故障モードの標本が混ざってはいけないのです．摩耗故障モードの期間も同様です．このような状態をモデル化したものを**複合モデル**といいます．複合モデルについては**4.3節**でも触れます．

図4.6のデータを複合モデルで推定すると，3本の回帰直線の傾きと切片から，以下のように推定できます．

$$\widehat{F}(y)=\begin{cases}\widehat{F}_1(y)=1-\exp\left\{-\left(\dfrac{y}{183.7}\right)^{0.47}\right\} & (0\leq y<0.1)\\ \widehat{F}_2(y)=1-\exp\left\{-\left(\dfrac{y}{51.7}\right)^{1}\right\} & (0.1\leq y<20)\\ \widehat{F}_3(y)=1-\exp\left\{-\left(\dfrac{y}{81.6}\right)^{2.64}\right\} & (20\leq y)\end{cases} \tag{4.5}$$

しかし，**図4.6**左のワイブル分布の確率密度を見ればわかるように，3種類のワイブル分布は混じり合っており，3つの分布は分離できない状態にあります．このため，複合モデルを使った説明は好ましいものではありません．本来は，原因系の変数で3つの分布を層別して，それぞれにワイブル解析すべきです．しかし，現実には，層別に使う情報がないことや観測期間中に初期故障モードのイベントしか発生しないことが多いので，「その間に偶発故障モードや摩耗故障モードのイベントは発生しないであろう」という仮説の下で複合モデルを使っています．

■ワイブル解析の落とし穴

実務では，得られた生存時間からワイブル解析を行い，母集団を推定します．ここで，あなたに質問です．

> **質問❷**：ワイブル解析で3つの故障モードが得られたら，判断対象も3つの故障モードのワイブル分布が混在していると考えてよいですか．

質問❷の答えです．**ワイブル解析の結果，3つの故障モードが得られたからといって，判断対象に初期故障・偶発故障・摩耗故障の3つのモードの母集団が混ざっているとは限りません．** **図4.7**左は形状パラメータ $m(>1)$と尺度パラメータηが異なる3つのワイブル分布の確率密度を表したものです．**図4.7**右は3つのワイブル分布の比率を，①は20%，②は30%，③は50%として，ワイブル乱数を1000個発生させてハザード関数を求めたものです．この例のように，mとηの異なる摩耗故障の分布が混合した場合でもハザード関数$\lambda(y)$を求めると，最初に$\lambda(y)$が減少傾向に見える場合があります．このような場合にワイブル解析を行うと最初の回帰直線の傾きが1未満の値になることから，初期故障モードのワイブル分布であると誤った推定や解釈をしてしまいます．

実際の問題を想定した場合，いわゆる初期故障期間・偶発故障期間・摩耗故障期間に発生するイベントの発生原因はそれぞれ異なると考えるのが自然でしょう．このとき，それぞれが異なる故障モードをもつと仮定するよりも，複数の摩耗故障モードが混合したモデルであると考えたほうが技術的に違和感がない場合もあります．壊れた部位を電子顕微鏡

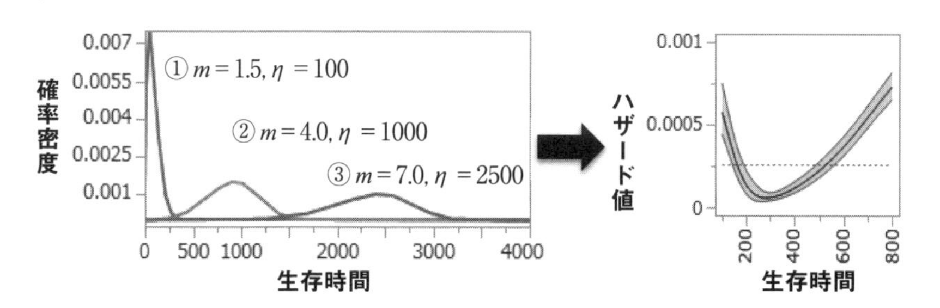

図4.7　複数の摩耗故障モードが混合してもバスタブ曲線が得られる例

などで故障解析したときに，初期故障モードであると判定しにくいこともあるのです．

■目からウロコの生命表の分析

人工的な例ばかりではなく，**図4.2**のもとになった2015年の生命表も，死亡にはさまざまな原因があるので，判断対象は複数の確率分布が混合された状態だと考えられます．このデータにワイブル解析を行い，恣意的に(a)～(d)の4群に層別して回帰直線を当てはめると**図4.8**左になります．その傾き(mの推定値)から，1未満の(a)群，ほぼ1の(b)群，1超の(c)群および(d)群に分類できそうです．人の寿命も前述のとおり初期故障($m < 1$)，偶発故障($m \fallingdotseq 1$)，摩耗故障($m > 1$)の3つの死亡のモードがあるように見えます．それらの期間は日常の感覚と合っ

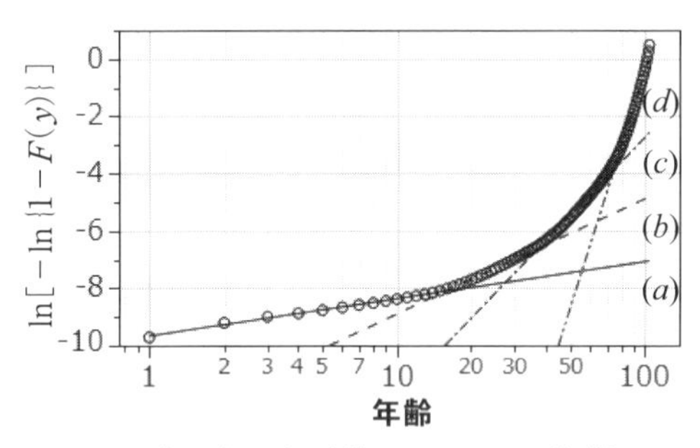

$\ln[-\ln\{1-F(y_{(a)})\}] = -6.35 + 0.22\ln(\text{年齢})$

$\ln[-\ln\{1-F(y_{(b)})\}] = -8.95 + 1.13\ln(\text{年齢})$

$\ln[-\ln\{1-F(y_{(c)})\}] = -14.89 + 2.82\ln(\text{年齢})$

$\ln[-\ln\{1-F(y_{(d)})\}] = -39.82 + 8.80\ln(\text{年齢})$

パラメータ	推定値	標準誤差
割合1	0.004469	0.0005200
割合2	0.092745	0.0051774
η_1	26.027375	2.6177505
m_1	1.193265	0.0658123
η_2	69.756878	1.0226475
m_2	5.230713	0.1274451
η_3	92.835807	0.0425537
m_3	13.367351	0.0647214

注）左：ワイブル解析，右：混合ワイブル分布．

図4.8　2015年の女性の生命表の分析結果

ています．初期故障・偶発故障・摩耗故障の3モードをもつ複数の母集団から標本が得られたことがわかっており，分析でもそれらを層別できる場合は，ワイブル解析の結果の解釈は正しいでしょう．

しかし，ワイブル解析から故障の3モードが得られたとしても，判断対象の母集団が複数の摩耗故障モードのワイブル分布が混合された場合もあることを学習しました．生命表の分析でも，**混合ワイブル分布**という方法を使ってパラメータ推定を行うと，**図4.8**右の結果が得られます．何と，この場合は3つのワイブル分布はいずれも摩耗故障モードとして推定されました．このようにデータに複数の分布が混ざっているときは，通り一遍のワイブル解析を行うのではなく，技術的な情報も加味して解釈を誤らないように注意しなければなりません．ワイブル解析は本来，データが単一のワイブル分布に従っていると考えてよいかを調べる方法です．複数のワイブル分布が混合しているデータを打点するのは本筋ではありません[10]．

■スクリーニングではクリーニングできない

今までは，母集団から標本として選ばれたすべての個体 n が観測された前提の話でした．現実には，データの収集時(観測終了時点)に大半の標本にイベントが発生しておらず，故障した個体数 $r(r << n)$ しか生存時間が観測されません．このため，混合ワイブル分布を使った各分布の含有率(割合)やパラメータ推定ができません．

ここでは，半導体がスクリーニングを行った後で出荷される場合を考えてみましょう．近年の半導体は高い信頼性が確保されたこともあり，スクリーニングを行ってもイベントが発生することは稀です．初期故障をスクリーニングでクリーニングできず，試験数 n に対してわずかな故障 r 個から生存時間の推定をすることになります．ワイブル解析の結果，m の推定値が非常に小さな値で，η の推定値が天文学的な値をもつ場合があります．非常に大きな値をもつ η はバスタブ曲線では説明が

10)　遠藤幸一・廣野元久が2018年の日本科学技術連盟主催のR&Mシンポジウムで発表したケーススタディを引用した．

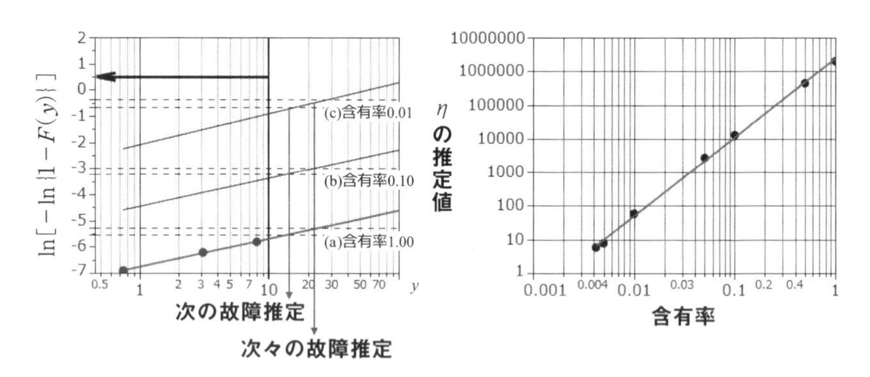

図 4.9　加速試験結果からの推定(左)と初期故障モードの含有率と η の推定値との関係(右)

つきません[11)]. 一部の半導体では寿命は半永久的で初期故障期間が長く続き, 偶発故障期間がはっきりしないままに摩耗故障期間に移るものと考えられています. このため, 耐用期間中の生存時間は $m<1$ のワイブル分布に従うと考える立場があります.

図 4.9 左を見てください. このグラフは標本として $n=1000$ 個の製品を対象に, スクリーニングを行った結果をワイブル解析したものです. 横軸の生存時間は差障りがあるので仮想的な値に変換しています. この例では, 試験期間中に得られた故障の数はわずか $r=3$ 個で, 残り 997 個は試験終了時点 $y=10$ では稼働していました. ワイブル解析を行うと初期故障と判断され, (a)の回帰直線,

$$\ln[-\ln\{1-\widehat{F}(y)\}]=-6.764+0.466\ln(y) \tag{4.6}$$

より累積故障確率は, 以下のように推定されます.

$$\widehat{F}(y)=1-\exp\left\{-\left(\frac{y}{2012768}\right)^{0.466}\right\} \tag{4.7}$$

しかし, (4.7)式のパラメータの推定値は $n=1000$ 個のすべてが初期故障モードのワイブル分布に従うとした場合です. バスタブ曲線のモデルでは初期故障モードの含有率はわずかです. バスタブ曲線のモデルを想定しているのであれば, (4.7)式を遠い将来の累積故障確率の推定に

11)　遠藤幸一・廣野元久が 2018 年の日本科学技術連盟主催の R&M シンポジウムで発表したケーススタディを引用した.

使ってはいけないのです．ここで，あなたに質問です．

> **質問❸**：スクリーニング後，市場に出荷して最初にイベントが発生する時点は初期故障モードの含有率で変化するでしょうか．

初期故障モードの含有率が変わったらどのような結果になるか，実際に計算してみましょう．初期故障モードの含有率を(a)1.00，(b)0.10，(c)0.01と変えて，回帰直線を引いた結果が**図4.9**左の3つの直線です．なお，煩雑さを防ぐ意味で，(b)と(c)の打点は省略しています．3本の直線はほぼ平行(0.5弱)で，切片だけが異なる(ηが異なる)予測式が得られます．最初に含有率(a)1.00の場合で，出荷後に最初のイベントが発生する時点を推定してみましょう．その値は(4.7)式を使って，14.5と求まります(縦軸の-5.519の破線と(a)の回帰直線が交わる点から横軸に垂線を下した値)．**図4.9**左のように，初期故障モードの含有率を(b)や(c)に変えてもイベントが発生する時点の推定値は同じ14.5だとわかります．つまり，質問❸の答えは，**「含有率で変化しない」**となります．同様に2番目にイベントが発生する時点は23.4です．なお，前提として最初の数点のイベントは偶発故障モードや摩耗故障モードで発生する可能性がほとんどないと考えた場合の推定になっています．

次に，補償期間中にイベントが発生する数を求めてみましょう．補償期間を$y=100$とすれば，その時点の累積故障数は(4.7)式を使って(a)の場合は1000個中の10個と計算できます．初期故障モードのワイブル分布の構成比率が(b)0.1や(c)0.01の場合も同様です．形状パラメータ$m(<1)$の推定値がほぼ同じであれば，初期故障モードのワイブル分布の構成比率に関係なく対象期間内のイベント発生数は同じです．続いての質問です．

> **質問❹**：初期故障モードの含有率を概算でよいので推定する方法はあるでしょうか．また，そのための前提条件は何でしょうか．

初期故障モードの含有率をどう推定すればよいでしょうか．それには，**過去の経験や加速試験の結果などから摩耗故障期間に入る時点がわかっていることが必要です**．ここでは，過去の経験から $y=1000$ 以降は摩耗故障モードに変わることがわかっているとします．摩耗故障期間に入る $y=1000$ までの累積故障確率を(4.7)式で計算すると約3%になります．**この値と複合モデルの仮定を用いれば，含有率3%の尺度パラメータ η の推定値が求まるので，$y=1000$ 時点の累積故障確率，すなわち初期故障モードの含有率が計算できます**．なお，推定された含有率は偶発故障モードの含有率も含んだもので，大きめに含有率を見積もっています．

ところで，**図4.9**右は初期故障モードの含有率と η の関係を示したものです．標本に含まれる初期故障モードの含有率が小さいほど η の値は小さくなります．これは実務家のイメージを裏切る結果かもしれません．ワイブル解析の結果，初期故障モードを示唆する($m<1$)ワイブル分布で非常に大きな η が得られた場合は，標本内の初期故障モードの含有率の見立てが多すぎる(例えば，実際の含有率は3%なのに100%と考えている)ことが起因しています．

■故障モードをどう推定する

半導体のスクリーニングの例で示したように，イベントの発生件数 r が試験数 n に比べて非常に少ない場合は，得られた観測値から集団を分離することはできません．本当は摩耗故障モードの母集団から得られた標本であっても，ワイブル解析の結果で初期故障モードのワイブル分布として扱われることになるかもしれません．スクリーニングの結果をワイブル解析すると摩耗故障モードや偶発故障モードが見つかることはほとんどなく，形状パラメータ m は1より大変に小さい値で推定されます．ここで，あなたに質問です．

> **質問❺**：スクリーニングの結果で故障のモードを推定するにはどうすればよいでしょうか．

観測期間中に，イベントが発生することが少ない標本の場合には，ロットごとの最小値や同様な故障モードのファミリーの標本の最小値を活用するとよいでしょう．**複数の標本から得られた最小値は，元の分布が同じワイブル分布に従うとき，最小極値の理論から同じパラメータをもつワイブル分布に従うことが知られています．**そのワイブル分布の分布関数は，以下のように表すことができます．

$$F_{\min}(y)=1-\exp\left\{-n\left(\frac{y}{\eta}\right)^{m}\right\} \tag{4.8}$$

この関係を使って推定が行えるのです．以下にその手順を示します．

(4.8)式で n は標本数です．また，n のよい近似として，

$$n\approx 1/[-\ln\{1-F_{\min}(y)\}] \tag{4.9}$$

が成り立つので，(4.8)式で両辺に2度対数をとり，(4.9)式を使って n を置き換えれば，η と最小値の分布の尺度パラメータ η^* 間には，

$$\ln\ \eta^*=\ln\ \eta+\ln[-\ln\{1-F(y_{\min})\}]/m \tag{4.10}$$

の関係が成り立ちます．この関係を使ってワイブル解析を行います．

図4.10は，標本として同じ故障モードをもつ($m=3$，$\eta=100000$)のワイブル乱数を50個発生させて最小値を求め，その試行を10万回繰り

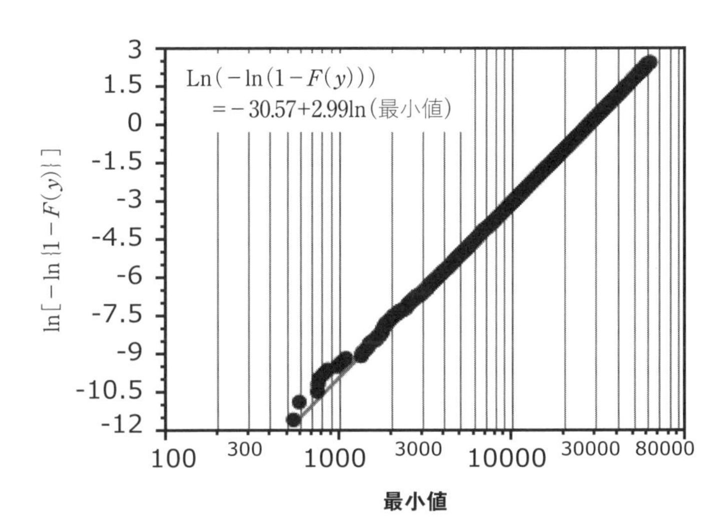

図4.10　標本の最小値の分布

返した際の最小値のワイブル解析の結果です．m の推定値は2.994，η の推定値は exp(30.5739/2.994) = 10.2104 より，(4.10)式を使い100051となります．(4.8)式が成り立つことがわかると思います．このことから，同じ故障モードをもつファミリーの最小値や異なるロットの最小値を複数用意して，ワイブル分布のパラメータを推定すると故障が初期故障モードなのか，摩耗故障モードなのかを知ることができます．この方法により，スクリーニングの結果を使ったワイブル解析で判断した初期故障の真偽の確認ができるのです．この確認方法は，標本数 n が同じでなくても，ある程度大きくて，ほぼ同じくらいの大きさであれば近似的に推定が可能です．もちろん，最小値の数が多いほうがパラメータの推定精度はよくなります．

■スクリーニング結果から初期流動の管理を行う

スクリーニングを終えた半導体は出荷され，稼働状況は監視されます．企業が製品の性能や信頼性の監視に注力する期間を**初期流動期間**といいます．初期流動期間中に行われる市場データの分析では，不良や故障などで返却された生存時間の短い少数のデータを対象にワイブル解析が行われます．この時点のデータ分析の目的の1つは，スクリーニング結果から得られた生存時間の推定の妥当性を調べることです．推定が妥当であれば初期流動管理を終了し，通常監視に移ることができます．そのために，ワイブル分布を使って次のイベントが発生する時点を推定し，状態監視を行います．イベントが発生するたびにワイブル解析を繰り返し，推定の妥当性を確認し，モデルを改善していくことが大切です．

目からウロコ 4.2：ワイブル解析の結果は見かけ上の故障モード？

バスタブ曲線が現れるのは複数の分布が混在した場合です．このようなデータでワイブル解析を行うと以下の読み誤りを起こす場合があります．

① 初期故障モード($m < 1$)と推定されても，母集団は摩耗故障モードのワイブル分布である場合があります．

② 初期故障モード($m<1$)と推定された場合，ηの推定値が天文学的に大きいことがあります．それは単一分布を仮定したときの推定なので，複数の分布が混在していることを忘れたことが原因です．

4.3　混合・複合・競合の3兄弟と仲良くなる

本来のワイブル解析は生存時間が単一のワイブル分布から得られたと考えてよいかを調べるための道具です．現実には，**4.2節**で検討したように，判断対象は複数の分布が混ざったものと考えたほうがよいことがあります．しかし，事前に標本がどの集団から得られたのかを知ることは大変に難しいのです．このため，ワイブル解析では複数のワイブル分布から得られたデータを打点して考察することが多くなります．

ここでは，複数の母集団が混ざった場合のデータの分析を考えます．最初に分析に使うデータの種明かしです．データはプリント回路板(PCB)の信頼性を設計するために温度加速試験を行った結果です．試験の目的は実使用温度での摩耗故障モードの寿命を推定することで，実際の使用温度に比べて大きな温度ストレスを加えたものです．試験の温度条件は90℃・120℃・150℃です．普通に考えれば温度条件別にワイブル解析を行います．

では，温度条件別にPCBの信頼性試験が行われたことを知らずに，温度条件が混じった状態でワイブル解析を行うとどのような結果になるでしょうか．温度条件を無視してワイブル解析を行うと，**図4.11**に示す結果が得られます．打点は蛇行していて，単一のワイブル分布に従うとは思えません．**図4.11**の打点のマーカーの違いは，読者のために温度条件の違いを表しています．本例のようにワイブル解析で打点が直線的な傾向が見られない場合は，以下の3つの対処方法が考えられます．

① データにワイブル分布以外の確率分布を当てはめてみます．

② 閾値(位置パラメータ)をもつワイブル分布を当てはめます．

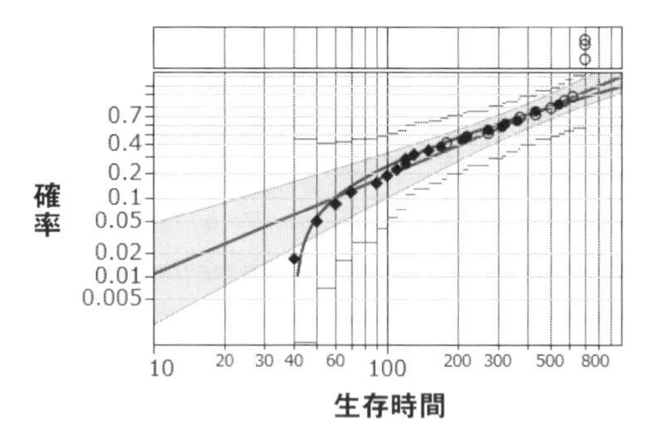

- **分布関数の推定**

  $\widehat{F}(y)=1-\exp\left\{-\left(\frac{y}{344.7}\right)^{1.28}\right\}$
- **閾値をモデルに追加した分布関数の推定**

  $\widehat{F}(y)=1-\exp\left\{-\left(\frac{y-40}{276.0}\right)^{0.86}\right\}$

図 4.11　複数のワイブル分布が混在しているデータをワイブル解析した例

③　複数のワイブル分布から得られたとして分布の分離を試みます．

本例はワイブル分布を想定しているので，①の処理は省略し，②の処理を行ってみます．打点の様子から生存時間の短い側で曲線的な傾向が読み取れます．そこで，生存時間から40を引いた値を使ってワイブル解析したものが**図 4.11** の曲線で，最尤法で3パラメータワイブル分布を当てはめた結果です．3つめのパラメータ γ（ガンマ）が閾値になり，40がその推定値です．これは，生存時間が何らかの影響で40未満の値にならないという制約をつけたモデルです．このモデルのワイブル分布の分布関数は，以下のようになります．

$$\widehat{F}(y)=1-\exp\left\{-\left(\frac{y-40}{276.0}\right)^{0.86}\right\} \tag{4.11}$$

生存時間から値40を引いたので，その情報をワイブル分布の分布関数に取り入れたものが(4.11)式で，打点からその曲線はよく当てはまっているように見えます．一方，閾値を追加しなかった場合（**図 4.11** の直線）のワイブル分布の分布関数は，以下のようになります．

$$\widehat{F}(y)=1-\exp\left\{-\left(\frac{y}{344.7}\right)^{1.28}\right\} \tag{4.12}$$

次に，本題である複数の分布が混ざっていることがわかっている場合の分析法を紹介します．③の対処法です．分布の分離方法として**混合モデル・複合モデル・競合モデル**があります．これら3つのモデルの名前は一般的な言葉がもつ意味と異なるので注意が必要です．

■誤って複合モデルで分析したらどうなるか

複合モデルは非現実な仮説にもとづくモデルですが，扱いが簡単なので実務家に重宝されます．複合モデルは**図 4.11** のような直線的でないワイブル解析の打点傾向に対して複数の回帰直線を引き解釈を行う方法です．この方法は直感的で簡単ですが，分析者の恣意で直線が引かれてしまう危険性があります．**図 4.11** を複合モデルで分析した結果を**図 4.12** に示します．**図 4.11** と**図 4.12** の縦軸の違いに注意してください．前者は最尤法で計算したもので，縦軸は累積故障確率です．後者は最小2乗法で計算したもので，縦軸は2重対数をとったスケールになっています．直線は打点によく合っているように見えます．しかし，打点の傾向だけからは何種類の分布からの標本が混ざっているのかわかりません．感覚的に打点に合うように回帰直線の数を選んで引いているので後知恵と言われても反論できませんし，その根拠を説明できません．本例では先に引いた回帰直線の傾きほど m の値が大きいことも気がかりです．なぜならバスタブ曲線のモデルに合っていないからです．

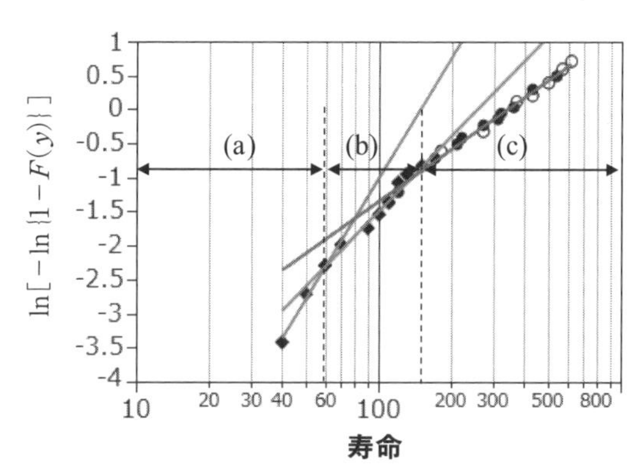

(a) $\widehat{F_1}(y)=1-\exp\left\{-\left(\dfrac{y}{148.0}\right)^{2.57}\right\}$　(b) $\widehat{F_2}(y)=1-\exp\left\{-\left(\dfrac{y}{254.5}\right)^{1.60}\right\}$

(c) $\widehat{F_3}(y)=1-\exp\left\{-\left(\dfrac{y}{338.5}\right)^{1.10}\right\}$

図 4.12　複合モデルとして分析した例

■誤って競合モデルで分析したらどうなるか

競合モデルは正確には競合リスクモデルといいます．ここでは簡略化して競合モデルという言い方をします．競合モデルはイベントの内容で分類する独特の方法です．品質管理では「原因で結果を層別して考える」という問題解決の鉄則があります．競合モデルではイベントの発生原因(あるいは現象)で層別して生存時間を分析するという方法をとります．これにはカラクリがあります．まず，競合とは，何と何が競い合うのでしょうか．答えは，「イベントの発生原因(あるいは現象)が競って，イベント(死亡や故障)を起こす」という考え方です．言い方を変えると，標本1つに観測値が1つあるのですが，その値はシステム(人や製品などの全体)の1番弱いところが攻撃されてイベントが発生したと考えます．これから，1つのシステムのなかの最小値が観測されたというアイデアが生まれます．

図4.13を見てください．人の死亡原因には自殺・ガン・老衰などいろいろあります．自殺が原因で死亡した＃1の場合は，自殺に着目すれば死亡した時点でイベントが発生したと考えて生存時間が観測されます．

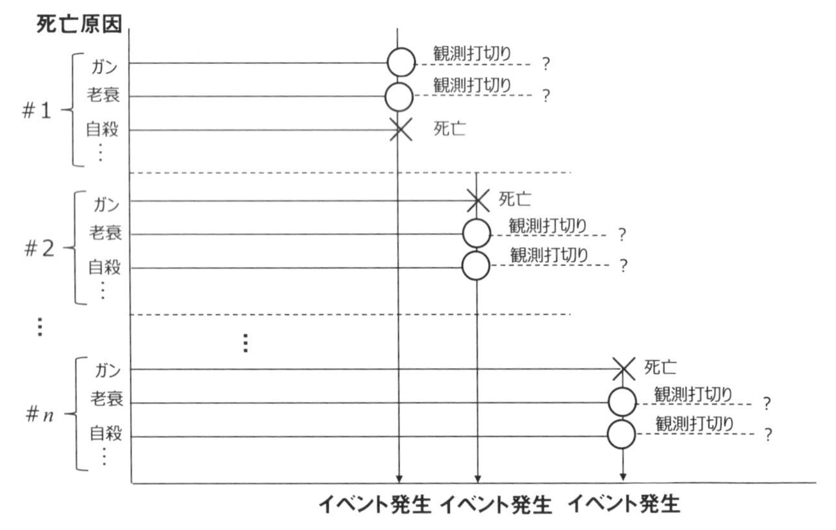

図4.13　ある人の生存時間の例

しかし，ガンに着目した場合は少なくともその時点まではイベントは発生しておらず，観測が終わってしまったのです．もし，自殺がなければ，この先も観測が続き，ガンの原因のイベントが発生した時点で生存時間が観測されるはずです．しかし，自殺によりガンの生存時間の観測が邪魔され(競合リスクを起こし)，観測が終わってしまったと考えるのです．このようなデータを**打切りデータ**といいます．打切りデータが混ざっていても最尤法を使えばパラメータの推定が可能です．打切りがある場合の最尤法の計算は本書の守備範囲を超えているので省略します．代わりに近似法として，**累積ハザード法**の概要を紹介します．

累積ハザード法は，ハザード関数を累積した累積ハザード関数と分布関数の関係を使ってパラメータを推定する方法です．分布関数 $F(y)$ と累積ハザード関数 $H(y)$ には，

$$1-F(y)=\exp\{-H(y)\} \tag{4.13}$$

という関係があります．この関係から，$H(y)$ に対数をとれば，

$$\ln\{H(y)\}=m\ln\eta+m\ln y \tag{4.14}$$

となるので単回帰式でパラメータを推定できるのです．$\lambda(y)$ は時点 y まで生存している確率を分母として，時点 y で故障する確率の比ですから，**図 4.13** でガンの生存時間の分析を考えると，＃1では $\lambda(y_1)=0/n$ です．時点 y_1 ではイベントは発生していますが，ガンによる死亡ではないからです．次の時点 y_2 では $\lambda(y_2)=1/(n-1)$ になります．**図 4.13** には描かれていませんが，時点 y_3 でガンによるイベントが発生したとしたら，$\lambda(y_3)=1/(n-2)$ となります．以下同様に計算して，時点 y_n では $\lambda(y_n)=1/1$ になります．得られたハザード値を累積したものが累積ハザード値 $H(y_i)$ $(i=1,\ 2,\ \cdots,\ n)$ になります．なお，JMP のようなソフトウェアを使えば，最尤法を使った推定ができるので累積ハザード値の計算は不要です．

打切りデータの処理方法を説明したので，実際に**図 4.11** のもとになった PCB の生存時間を使い競合モデルを分析します．本例に競合モデルを適用することは誤りですが，誤って温度条件を競合リスクと考えた場合，どのような問題が起きるでしょうか．**図 4.14** は競合モデルの

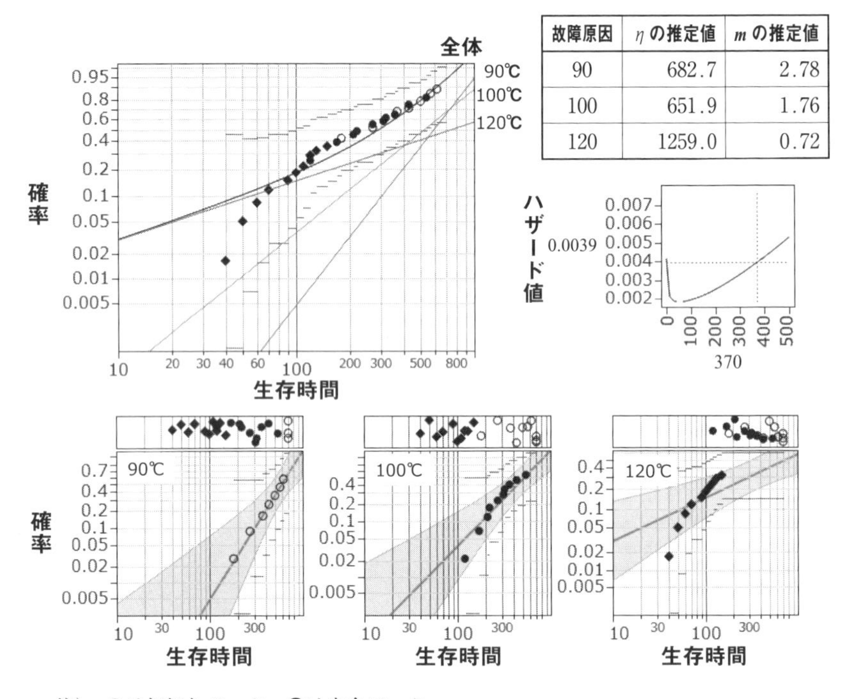

故障原因	ηの推定値	mの推定値
90	682.7	2.78
100	651.9	1.76
120	1259.0	0.72

注）○は打切りデータ，●は完全データ．

図 4.14　競合モデルの分析結果

分析結果です．**図 4.14** 左上のワイブル解析では，全体の打点に競合モデルの 90℃・100℃・120℃の回帰直線と競合モデル全体の曲線を引いたグラフです．得られたワイブル分布のパラメータ m の推定値はそれぞれ，2.78・1.76・0.72 となりました．また，**図 4.14** 右の全体でのハザード関数はきれいなバスタブ曲線になっています．

ところが，温度ストレスが強い（高温）ほど m の推定値が小さい（拡がりが大きい）結果は物理的におかしいのです．強いストレスがかかるほど故障は集中して起きるだろうから m の推定値が大きくなるのが自然だからです．**図 4.14** 下の 3 つのワイブル解析の結果は，各温度条件別に表示したグラフです．ワイブル確率紙の上側のグラフは打ち切りデータの時点を表したものです．3 つのグラフから，温度が高くなるほど回帰直線への当てはまりが悪くなっていることが読み取れます．

本例は温度水準別にPCBの生存時間をまとめたデータなので，温度水準の違いでイベントの発生が競合しているわけではありません．誤ったモデルを使った分析なので，m の推定値は物理的な辻褄が合わない結果になったのかもしれません．本来，競合モデルは人の死亡原因別の分析や設備や機械の故障原因別の分析など，イベントの発生現象(あるいは原因)に競合が起きている場合に有効な方法です．

■正しく混合モデルで分析するとどうなるか

生存時間が複数の異なるワイブル分布で表せる場合は，それらを層別できる原因系の要因の水準で層別してワイブル解析します．外部環境に起因するものには，温度・湿度・電流・応力といったエネルギー的なストレスがあります．これらは設計で制御できませんが，製品の劣化や摩耗を加速させ生存時間に大きな影響を与える要因です．それを逆手にとり，信頼性試験ではストレスを強く与えた(生存時間を加速する)条件で生存時間の推定を行います．得られた推定値を使って実環境での生存時間を予測します．一方，製品や部品などの内部環境に起因するものとして金属間化合物の厚さや接着強度などの製造ばらつきによるものがあります．それらは検査では取り除けないため，確率的に発生するものと考えられています．製造起因のすべてを特定し，それらを制御することは困難です．さまざまな原因が混ざっている製品や部品の生存時間をワイブル解析しても打点がきれいに一直線に並ぶことはありません．見た目で複数の回帰直線を引きたくなります．これが，混合モデルで表される状態を複合モデルに取り違えて分析してしまう落とし穴です．

図4.11 に示したワイブル解析のもとになったデータはPCBに温度ストレスを与えた加速試験の結果です．このデータに混合モデルを適用します．それは温度条件別にワイブル解析を行うことなのです．その結果を**図4.15** に示します．3つの条件で，それぞれの打点が回帰直線にきれいに乗っています．**図4.15** を見れば，**図4.11** とはまったく違う印象を受けることでしょう．

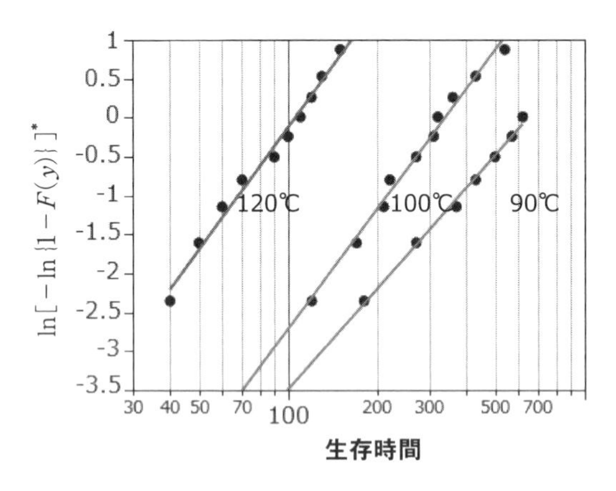

図4.15　温度で層別したワイブル解析の結果

目からウロコ4.3：ワイブル解析の落とし穴

複数の母集団から得られた生存時間をワイブル解析する場合は，分析に使う複合モデル・混合モデル・競合モデルの違いで結果は大きく変わります．これら3兄弟の特徴を知り，技術知見に合ったモデルを選びましょう．

4.4　目先から遠い将来を知る千里眼

4.3節ではPCBの例を使ってワイブル解析3兄弟の話をしました．**図4.15**に示す正しいワイブル解析を眺めると回帰直線の傾きはほぼ同じです．そこで，生存時間は各温度条件で同じ形状パラメータ$\widehat{m}=3$をもつワイブル分布に従うと考えられます．温度条件により尺度パラメータηの推定値はそれぞれ違うので，温度とηの関係を知りたくなります．温度とηの関係を定量的に表すことができれば，実使用環境での生存時間の推定が可能です．**4.4節**では加速試験で得られた生存時間を使って，実環境での生存時間を推定する方法，**ワイブル回帰モデル**を紹介します．

■アレニウス則をワイブル回帰で表現する

加速試験の目的は実環境での生存時間の推定です．ワイブル回帰モデルはその名前が示すように回帰モデルの拡張です．回帰分析では残差に正規分布を仮定しますが，ワイブル回帰モデルでは生存時間分析にワイブル分布を仮定するモデルです．さっそく，あなたに質問です．

> **質問❻**：**図 4.15** の結果から温度条件にかかわらず，形状パラメータ m の値が同じと考えてよいでしょうか．また，実環境での生存時間をどのように推定すればよいでしょうか．

誰の見た目でも明らかに回帰直線の傾きが異なる場合は判断が簡単でしょうが，**図 4.15** の場合はそうはいきません．このような場合は**第 2 話**の重回帰分析の変数選択と同じ考え方をします．まず，統計仮説をいくつか用意します．

- 帰無仮説 H_0：生存時間は温度の影響を受けない

$$\eta_{90℃} = \eta_{100℃} = \eta_{120℃}$$

- 対立仮説 H_1：生存時間は温度の影響を受ける
  - (a)　温度と η には回帰関係が成り立つ
  - (b)　温度の影響を受けて異なる η をもつ
  - (c)　温度の影響を受けて異なる η と m をもつ

重回帰分析と異なるのは仮説検定に分散分析が使えないことです．代わりにカイ 2 乗分布を使った尤度比検定を行います．ワイブル回帰のパラメータの推定は**第 3 話**のロジスティック回帰と同様に最尤法を用います．検定の基本的なフレームも分析結果の解釈も重回帰分析と同様の考え方です．

では，**図 4.16** を見てください．**図 4.16** のワイブル解析の結果は右から統計仮説の (a)，(b)，(c) にそれぞれ対応します．**図 4.16** に付随した表が尤度と尤度比の情報です．温度の水準で層別した対立仮説のモデル H_1 と帰無仮説 H_0 を検定すると，p 値が $< .0001$ となりますから，帰無仮説 H_0 は棄却されます．そこで，温度で層別した対立仮説 H_1 の (a)

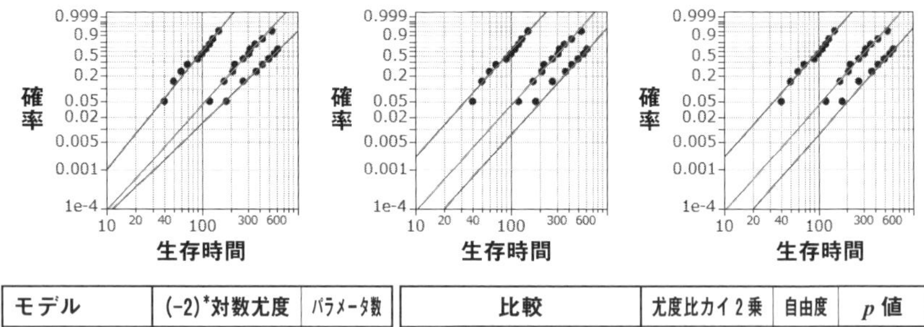

モデル	(-2)*対数尤度	パラメータ数
効果なし	364.841	2
回帰	324.064	3
別々の位置	324.064	4
別々の位置と尺度	323.687	6

比較	尤度比カイ2乗	自由度	p 値
効果なし vs. 回帰	40.776	1	< .0001
回帰 vs. 別々の位置	0.000	1	0.986
別々の位置 VS. 別々の位置と尺度	0.377	2	0.828

図 4.16　尤度比検定によるモデル選択の例

～(c)のなかからモデル選択を行います．

(a)が**アレニウス則**に従うモデルです．アレニウス則は1882年にアレニウスがショ糖の転化反応の速度定数と温度の関係から，

$$K = A\exp\left(-\frac{E_a}{k_B T}\right) \tag{4.15}$$

K：反応速度，A：定数，E_a：活性化エネルギー

k_B：ボルツマン定数，T：絶対温度＝温度(摂氏)＋273.15

で表されることを実験で発見したことに由来しています．ボルツマン定数 k_Bは 0.00008617＝1/11605 です．単回帰式では A を切片，E_aを傾きとして推定します．K が各温度水準における η の推定値になります．

次に，モデルの改善案として，生存時間は温度条件に影響を受けますが，アレニウス則では表現できず，温度水準ごとに異なる η をもつと考えたのが(b)の対立仮説です．モデル(a)からモデル(b)へ変更したときの改善効果を測定したものが，**図 4.16** 右下の表の「回帰 vs. 別々の位置」の尤度比とそれに対応した p 値です．p 値は 0.986 と大きな値です．改善効果は統計的に有意な差が認められません．そこで“ケチの論理”でアレニウス則が成り立つと判断します．通常はこの段階で統計的検定を終えます．しかし，せっかくなので異なる m をもつモデル(c)まで考

えたものが，**図 4.16** 右下の表の「別々の位置 vs. 別々の位置と尺度」です．こちらも有意な差が認められません．そのため，質問❻前半の答えは**3 つの温度条件での m は同じ値と考えてよいという結論**となります．

また，温度の影響はアレニウス則に従うと考えてよいことがわかります．アレニウス則に従う(a)のモデルのパラメータ η の推定は，

$$\eta_x = \exp\left(-17.42 + 0.7468\frac{11605}{x + 273.15}\right) \tag{4.16}$$

と温度 x に依存する 1 次式が得られます．質問❻の後半の答えは，**この(4.16)式を使い，求めたい温度の η を推定することができる**ということです．また，η と m の推定値を使い各時点の累積故障確率を計算することもできます．逆に，累積故障確率と温度条件から時点を推定することもできます．例えば，30℃のときの累積故障確率が 10% となる時点を推定してみましょう．推定された $\widehat{m} = 2.67$ を使って，ワイブル分布の分布関数を求めると，

$$\widehat{\eta}_{30} = \exp\left(-17.42013 + 0.74683\,\frac{11605}{30 + 273.15}\right) \tag{4.17}$$

より，η_{30} は 70950.4 と推定されますからワイブル分布の分布関数は，

$$\widehat{F}_{30}(y) = 1 - \exp\left\{-\left(\frac{y}{70950.4}\right)^{2.67}\right\} \tag{4.18}$$

と求まります．(4.18)式を使い，求める時点は約 30557.2 と推定します．

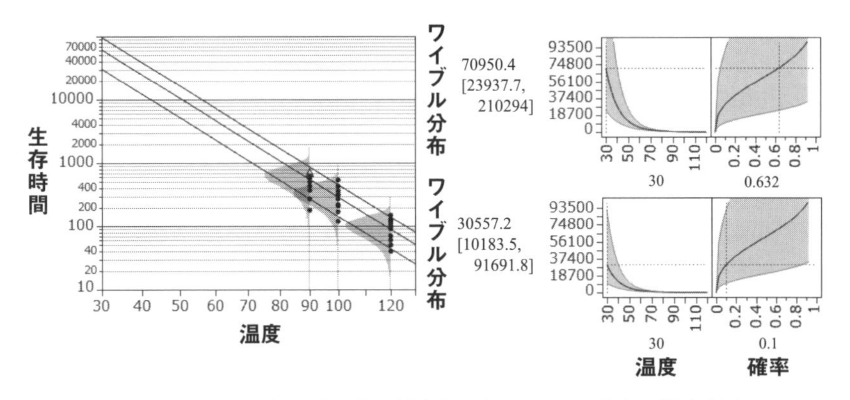

図 4.17 アレニウス則の確認(左)と 30℃における時点の推定(右)

図 4.17 が JMP の出力です.

■複数のストレスを処理するには

アレニウス則の例は生存時間に影響を与える変数が温度1つだけでした. 今度は, 生存時間に影響を与える変数が複数ある**ワイブル回帰**(ワイブル分布を仮定した回帰)を考えます. 紹介する例は PWB(プリント配線板)に使われる半田クリープの分析です. クリープとは材料に応力(一定の荷重)を加えたときに時間とともに変形する性質をいいます. クリープは高温環境で起きる現象で, 自動車や航空機のエンジン, 蒸気タービンなどの耐熱材料に必要な特性として研究されています. 半田合金は柔らかいため, 常温で 1N/㎟ 以上の応力がかかる環境でも使用は不向きです. このような性質はよく知られているので, 現実には半田のクリープが原因になる故障は少ないのです.

それでは, PWB に使われる半田の加速試験のデータ分析を紹介しましょう. まず, 試験の概要です. 応力を代用する変数として, 半田の高さ h を考えます. 試験では同じ試験片に半田付けされる半田の高さ h を 0.6㎜・0.8㎜・1.0㎜と変えた試料が用意されました. これらの試料を使って 1kgの荷重でクリープが発生する時間を観測します. また, PWB に発生する熱を 80℃・90℃・100℃に制御した温度ストレスを半田に与えます. こうして, 3×3 の 2 元配置で試験が行われデータが得られました. クリープは半田付けされた部分の最弱なところから発生します. そこで, 破断時間 y にワイブル分布を仮定します. また, クリープの評価では**ラルソン・ミラー則**が知られています. これは, 温度加速で生存時間を予測する際に使われるアレニウス則の拡張で, アレニウス則に応力の影響を加えた多変量のモデルです. ラルソン・ミラー則は, 温度および応力と破断時間の関係に, 以下の式が成り立つというものです.

$$\ln y = Q/(273.15 + x) - C \qquad (4.19)$$

$$Q = a - b \ln \sigma_{\text{応力}} \qquad (4.20)$$

■昔ながらのホップ・ステップ・ジャンプの分析

はじめに，信頼性の分野で伝統的に行われている3段階(ホップ・ステップ・ジャンプ)でデータ分析を行います．

まずホップでは，9つの試験条件ごとにワイブル解析を行います．目的は9つの試験条件で回帰直線がほぼ平行であることを確認すること，つまり破断時間はηだけが異なる同じmをもつワイブル分布で表されることを確認することです．この確認はとても感覚的です．**図4.18**のワイブル確率紙上に9本(3×3試験条件)の回帰直線が描画されています．すべての回帰直線が平行とはいえませんが，「だいたい平行ではないか」と感覚的に判断します．このとき，各条件でmの値(回帰直線の傾き)が大きく違っていると，温度あるいは応力，またはその両方のストレスを強くかけすぎてしまったため，試験条件によって異なる故障モードが発生してしまったことを意味します．

回帰直線が「平行だろう」と判断できたので，次はステップです．各水準の代表値η[12]と絶対温度の逆数で散布図を描きます．このとき，半田高さhで層別します．**図4.19**がその散布図です．**図4.19**はアレニ

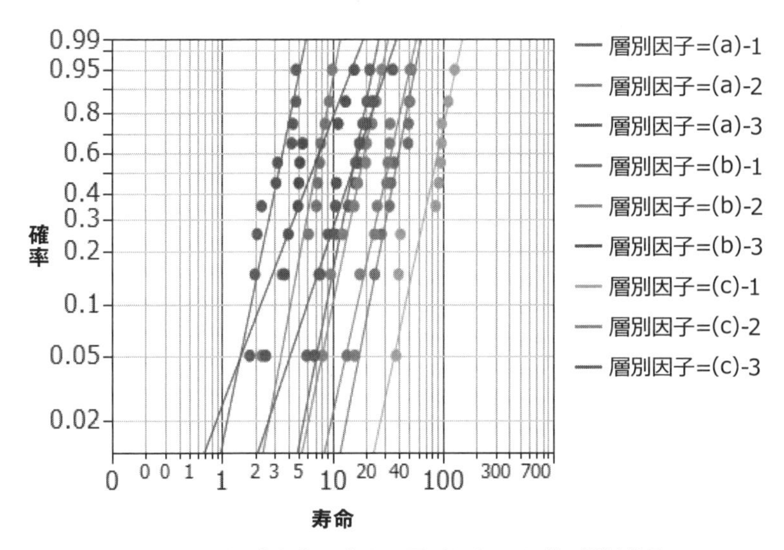

図4.18　温度と半田高さで層別したワイブル解析結果

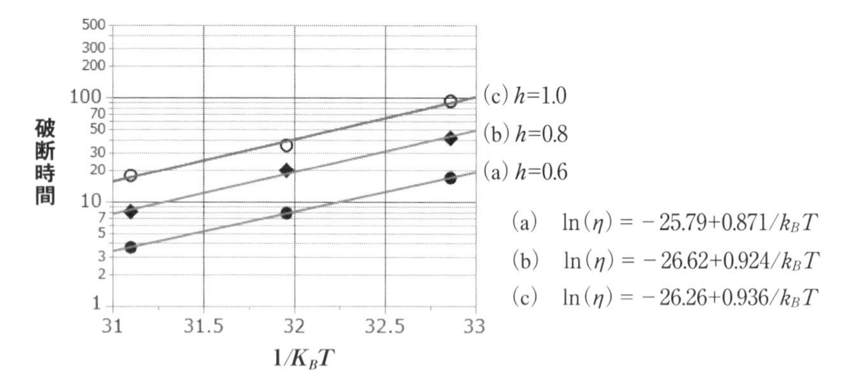

図 4.19　アレニウスプロット(温度と破断時間の関係)

ウス則に従っているかどうかを確認するための**アレニウスプロット**です．3本の回帰直線は，ほぼ平行ですから，アレニウス則が成り立つと考えます．続いて，温度を層別因子として，応力の代用として使う半田高さ h と破断時間の関係をグラフに表します．**図 4.20** 左がその結果です．こちらも，ほぼ平行な3本の回帰直線が得られています．半田の破断時間は半田の高さ h にも影響を受けることがわかります．

最後のジャンプでは，半田高さと温度を結合して，半田の生存時間の推定モデルを考えます．**図 4.20** 右下に示されている回帰式の切片の推定値を使って，破断時間に与える温度の影響を考えます．具体的には，温度の影響により切片の値が変わるというモデルを想定します．その結果が**図 4.20** 右上です．切片と温度は直線関係にあることがわかります．そこで，以上の結果を結合して，以下のような式が得られます[13)]．

$$\ln(\eta) = -22.044 + 0.803/k_BT + 3.086 \ln h \qquad (4.21)$$

半田高さ h の係数の推定値は3条件の平均で求めています．ここで，あなたに質問です．

---

12)　実務では η よりも，ワイブル確率紙から推定された中央値(50%点)を使うことが多いようである．これは，一般的に代表値として中央値を使ったほうが意味を理解しやすいためである．

13)　実務では温度の主効果と温度と応力の交互作用のモデル(ラルソン・ミラー則)を想定している．このモデルの簡便法も考えられているが，少し複雑な計算をするので本書では割愛し，簡単な温度と応力(半田高さ h)の主効果のモデルの推定方法を示した．

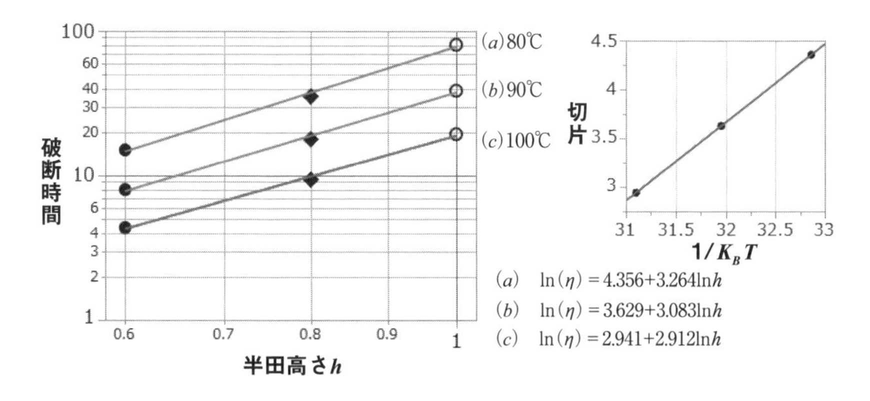

図 4.20 高さ h と破断時間の関係(左)，温度と切片の関係(右上)

> **質問❼**：ここで紹介した伝統的な方法にはどのような問題点があるのでしょうか.

回帰のパラメータの点推定だけであれば，伝統的な推定方法は近似として悪くないかもしれません．しかし，**伝統的な方法ではワイブル分布のパラメータと回帰のパラメータの相関の影響を加味していません．また，温度と応力(本例では半田高さ h)の水準のとり方がアンバランスな場合には，2 つの変数間に相関が生まれるので，この方法では誤った推定をしてしまいます**．さらに，ラルソン・ミラー則はアレニウス変換した温度 $1/k_B\mathrm{T}$ と応力の対数 $\ln(\sigma_{応力})$ の関係が，$1/k_B\mathrm{T}$ の主効果と $1/k_B\mathrm{T}$ と $\ln(\sigma_{応力})$ の交互作用で表されるモデルです．統計的には一方の主効果がモデルに反映されないモデルは考えにくく，$1/k_B\mathrm{T}$ の主効果と $\ln(\sigma_{応力})$ の主効果，および $1/k_B\mathrm{T}$ の主効果と $1/k_B\mathrm{T}$ と $\ln(\sigma_{応力})$ の交互作用で表すモデルが一般的です.

■多重ワイブル回帰の薦め

伝統的な方法は計算機やソフトウェアの能力が脆弱であった時代の簡便法です．古典的な方法はワイブル解析などの図的近似法を使って感覚的な処理を行っています．しかし，ソフトウェアを活用すれば統計的な判断が可能です．以下ではJMPの信頼性データ分析の機能を使って，多重ワイブル回帰を行った結果を見てみましょう．

本例の多重ワイブル回帰式は，以下のように推定されます．

$$\ln(\hat{\eta}) = -23.99 + 0.865/k_B T + 3.22\ln(h)$$
$$\hat{m} = 2.72 \tag{4.22}$$

このモデルは(4.21)式とほぼ同等なパラメータの推定値になっていますが，同じではありません．わずかな違いですが，遠い将来を予測すると大きな差異が出てきます．そのため，伝統的方法よりも信頼性のソフトウェアを使ってパラメータを推定することを薦めます．

表4.1は多重ワイブル回帰の検定結果です．**表4.1**上が得られたモデルの検定結果です．モデル全体も半田高さの対数とアレニウス変換した温度の2つの変数も高度に有意です．つまり，統計的に半田高さhと温度は破断時間に影響を与えることが確かめられたのです．また，**表4.1**下は得られた多重ワイブル回帰モデルに対して，パラメータ数を増やしてモデルを改良することに意味があるかどうかを調べたものです．改良モデルの別々の位置とは，半田高さh，あるいは温度に対して2次項の追加を考えたモデルです．また，別々の位置と尺度のモデルは，2次項の追加に加えて各水準のワイブル分布の形状パラメータmが異なるとしたものです．いずれも有意な結果は得られていないので，多重ワイブル回帰モデルを改良する必要がないことがわかります．推定された

表4.1　多重ワイブル回帰の検定結果

	自由度	尤度比カイ2乗	p値	(−2)×対数尤度
モデル全体	2	167.03	＜0.001	586.0
対数(半田高さ)	1	113.6	＜0.001	
アレニウス(温度)	1	115.49	＜0.001	

	自由度	尤度比カイ2乗	p値
回帰	4	167.03	＜0.001
回帰 vs. 別々の位置	6	1.69	0.95
別々の位置 vs. 別々の位置と尺度	8	9.83	0.28

パラメータをまとめた結果を**表 4.2** に示します．各パラメータの信頼率95%の両側信頼区間の推定を行ったので，技術的な解釈が可能になります．例えば，アレニウス変換された温度の推定値は物理的に活性化エネルギーを意味します．知見(過去の試験結果や文献)から活性化エネルギーが 0.9 とわかっている場合，試験で得られた活性化エネルギーの妥当性が判断できます．ここで，**表 4.2** の区間推定の結果が(0.761, 0.974)ですから，今回の結果は知見と合っており妥当であると判断します．

次に，モデルの当てはまり具合を見てみましょう．**図 4.21** は基準化した残差の確率プロットです．全体的に当てはまりは悪くないと思われます．さらに，遠い将来の予測を行ってみます．このモデルで PWB の表面が常時 50℃で 10 年間(＝8760 時間)晒されるときに，破断の累積故

表 4.2　多重ワイブル回帰のパラメータ推定

モデル	推定値	標準誤差	下限 95%	上限 95%
切片	-23.99	1.715	-27.47	-20.64
対数(半田高さ)	3.22	0.186	2.85	3.59
アレニウス(温度)	0.865	0.0535	0.761	0.974
σ	0.368	0.0309	0.314	0.437
$m = 1/\sigma$	2.72			

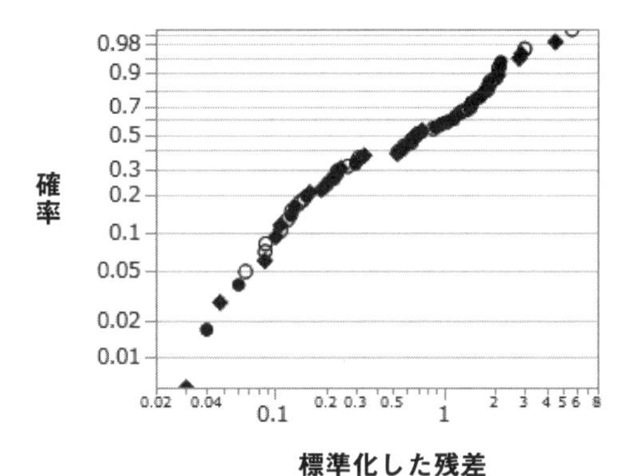

図 4.21　得られたモデルの基準化残差の確率プロット

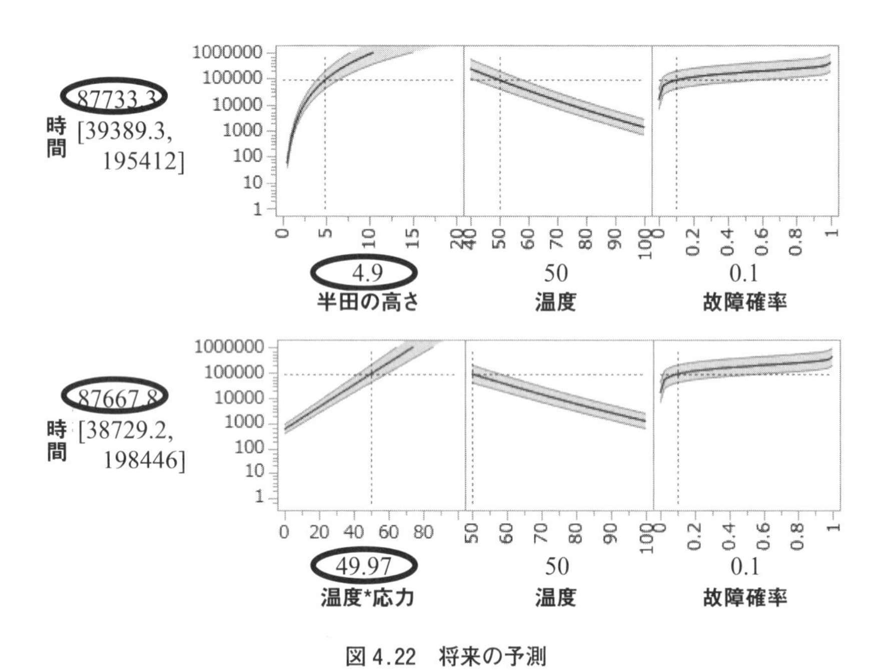

図4.22　将来の予測

障確率が10%以下になるための半田高さを計算すると，**図4.22**上に示すように，4.9㎜が必要と推定されます．参考までに，**図4.22**下はラルソン・ミラー則のモデルの推定値で，この場合はアレニウス(温度)＊対数(高さ)が49.97と推定されます．これより，4.0㎜の高さが必要になります．なお，ラルソン・ミラー則の推定式は，以下のとおりです．

$$\ln(\hat{\eta}) = -24.75 + \{0.889 + 0.101 \cdot \ln(h)\}/k_B T$$
$$\hat{m} = 2.71 \quad (4.23)$$

目からウロコ4.4：多重ワイブル回帰の薦め

① 伝統的な方法は計算能力が弱かった時代の図的解法です．図的解法には感覚的な判断が入ります．

② (多重)ワイブル回帰を使うと物理的なモデルの妥当性が判断でき，アレニウス則やラルソン・ミラー則などを統計的に調べることが可能です．

4.5　最大値だって予測したい

ワイブル回帰は最小値の分布に対する回帰分析でした．生存時間分析では最大値の分布に対する回帰分析が必要な場合もあります．最大値の分布を扱うのは主に土木や建築です．風や地震などの自然現象に対して施設や建物などがもちこたえるように設計する必要があるからです．本節では標本の最大値に関する例を紹介します．

■標本の最大値をどう集めるのか

信頼性の話から離れますが，標本の最大値を扱う問題にはどのようなものがあるでしょうか．拙書『目からウロコの統計学』[14]では，1990年～2016年に日本で発生した年間最大マグニチュードを分析しました．マグニチュードや震度の年間最大値のデータ分析を通じて，今後30年間に起きる最大地震のマグニチュードの予測や建物の耐震構造の規格を決めたりすることができます．

今回は春が来ると多くの人々が心配する花粉の話です．環境省では，花粉観測システムを使って国内複数の観測点から集めたデータをウェブサイト[15]に掲載しています．ここから埼玉県飯能市で観測された2004年～2019年の花粉データを使います．原データは毎年，スギ花粉の飛び始める2月1日から6月30日の間，1時間ごとに観測されたものです．この原データを1日単位で合計した値をデータとします．1年間を標本の単位として，年間の花粉量の最大値を求めたものを**表4.3**に示します．データの単位は1m^3当たりの個数です．このデータは17個の標本の最大値が表示されたものと考えられます．標本の最大値はどのような分布になるのでしょうか．

---

14)　廣野元久(2017)：『目からウロコの統計学』(日科技連出版社)の第4章を参照されたい．気象庁：「震度データベース検索」(http://www.data.jma.go.jp/svd/eqdb/data/shindo/index.php)をもとに，筆者が自身の年間最大マグニチュードを計算している．

15)　環境省：「花粉観測システム(はなこさん)」(http://kafun.taiki.go.jp/library.html#5)

表4.3　埼玉県飯能市で観測された年間最大花粉量

年	2003	2004	2005	2006	2007	2008	2009	2010	2011
個数	9791	17217	215261	4176	7742	41908	14250	9103	62697

年	2012	2013	2014	2015	2016	2017	2018	2019
個数	16888	34055	17351	17515	32543	9053	134851	22460

実は，最大値の分布は元の分布の形から決まります．**表4.3**の花粉量のデータは4桁～6桁とばらつく範囲が大きいことがわかります．花粉量に対数をとって量的データに近似したほうがよさそうです．変数が対数で表される場合の最大値の分布は2パラメータをもつワイブル分布に対応した分布になります．この分布は金融工学でも使われるもので，**フレシェ(Fréchet)分布**とよばれています．フレシェ分布の分布関数もワイブル分布と同様に両辺に対数を2度とると，以下のような単回帰式が得られます．

$$F(y)=\exp\left[-\exp\left\{\frac{\ln(y)-\mu}{\sigma}\right\}\right] \tag{4.24}$$

$$\ln[-\ln\{F(y)\}]=-\mu/\sigma+\ln(y)/\sigma \tag{4.25}$$

この関係を使って，フレシェ確率紙を作ることができます．ワイブル確率紙の縦軸は $\ln[-\ln\{1-F(y)\}]$ ですが，フレシェ確率紙では，$1-F(y)$ の代わりに $F(y)$ を使えばよいのです．**表4.1**の花粉量をフレシェ解析してみましょう．

その結果が**図4.23**です．ワイブル解析と異なり回帰直線の傾きが負で表されることに注意してください．得られた回帰直線の係数から，尺度パラメータ σ の推定値は0.968，位置パラメータ μ の推定値は $9.804/0.968=9.491$ と求めることができます．この結果から何がわかるでしょうか．それには統計ソフトの分析結果を使って説明したほうがよいので，JMPの結果を**図4.24**に示します．1日当たりの最大花粉量の90%点はほぼ9万個です．また，99%点はほぼ50万個です．この結果から，このままの環境が続くとしたら，10年に1度(分布関数の90%点)は花粉量が9万個も，100年に1度(分布関数の99%点)は花粉量が

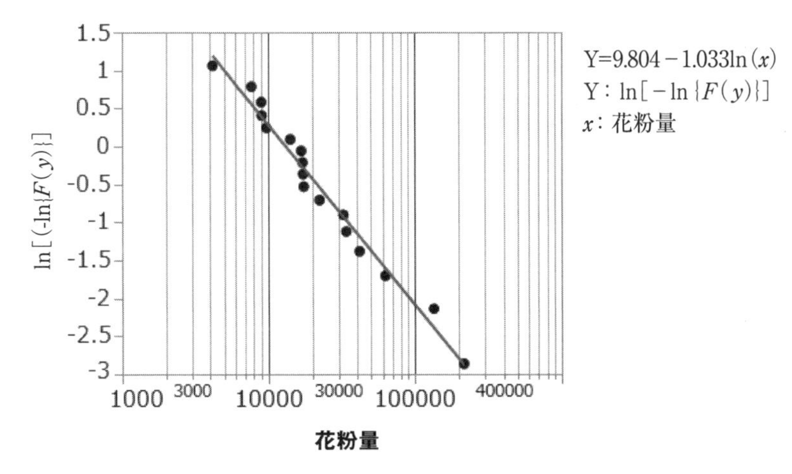

図 4.23　花粉量のフレシェ確率プロット

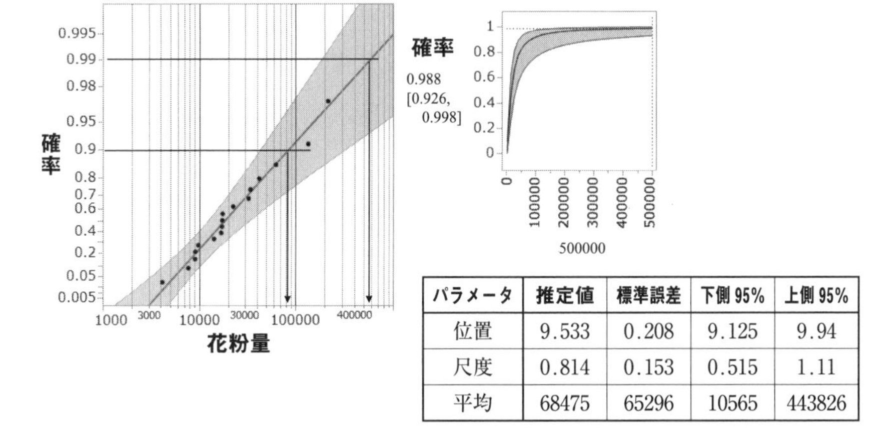

パラメータ	推定値	標準誤差	下側 95%	上側 95%
位置	9.533	0.208	9.125	9.94
尺度	0.814	0.153	0.515	1.11
平均	68475	65296	10565	443826

図 4.24　花粉のフレシェ確率プロットによる推定

50 万個も降り注ぐという予測になります．何とも恐ろしい数字です．

■バブルが消えるまで待てない

製品開発で最大値の分布を扱ったデータ分析の例を紹介します．ある企業では薄型フィルムを使った表示器を開発しています．機能が満足できるレベルまで達したので，フィルムに対する信頼性試験を行うことにしました．このフィルムが装置に組み込まれる工程ではフィルムに圧力が加わることがわかっています．このフィルムは外から強い圧力が掛かり，その圧力から解放されるときに気泡が発生することが知られています．信頼性試験は試料に複数の棒状の器具を押しつけて一定時間器具を固定し，その後一気に器具を解放するという気泡が発生しやすい条件で行われました．また，各試験は温度と圧力を加えた試験時間の水準を変えた環境で行われました．試験直後の試料の表面には複数の気泡による斑点が発生しましたが，多くはすぐに消滅しました．しかし，なかには消滅までに時間がかかるものがありました．ここで，あなたに質問です．

> **質問❽**：気泡消滅時間にはどのような分布を使えばよいでしょうか．その理由は何でしょうか．

気泡消滅時間 y の分布には最大値の分布を仮定します．気泡消滅までの時間は試料内の最大値ですから，最小値の分布に使うワイブル分布を当てはめることはできないからです．このとき，気泡消滅時間のばらつきから時間のスケールに実尺・平方根尺・対数尺のどれを使うのがよいか判断する必要があります．固有技術で判断できる場合にはどのスケールを使えばよいかは事前にわかります．しかし，知見がない場合はモデルの良し悪しを統計的に判断する必要があります．どのモデルがよいかは対数尤度やAICなどの適合度を使い，判断します．

> **生存時間のスケールとモデルに使う確率分布**
>
> 生存時間のスケールのとり方でモデルに使う確率分布は変わります(**表4.4**)．

フレシェ回帰を行うためにストレスとなる温度にはアレニウス変換を，試験時間には対数変換を行います．また，信頼性のデータ分析では等分散性を考える必要があります．さらに，各モデルで拡がりを表す尺度パラメータ σ もストレスの影響を受けるという考え方を取り入れます．こ

表 4.4 生存時間のスケールのとり方とモデルに使う分布

	最小値	平均	最大値
❶ 実尺	最小極値分布	正規分布	最大極値分布
❷ 平方根尺	(実尺の分布の生存時間を平方根変換する)		
❸ 対数尺	ワイブル分布	対数正規分布	フレシェ分布

・イベントまでの時間：消滅時間　　・分布：フレシェ

・適合度：AICc　660.253，BIC　670.201，(-2)*対数尤度　649.253

・データ数：66(完全データ 62，打切り数 4)

■パラメータ推定値

項	推定値	標準誤差	下側 95%	上側 95%
切片	12.188419	1.0205352	10.188207	14.188631
対数(試験時間)	0.19827822	0.0218748	0.1554045	0.241152
Arrhenius(温度)	-0.233375	0.0282738	-0.288791	-0.177959
σ	2.57541298	0.7889269	1.0291447	4.1216812
σ Arrhenius(湿度)	-0.0641262	0.0217356	-0.106727	-0.021525

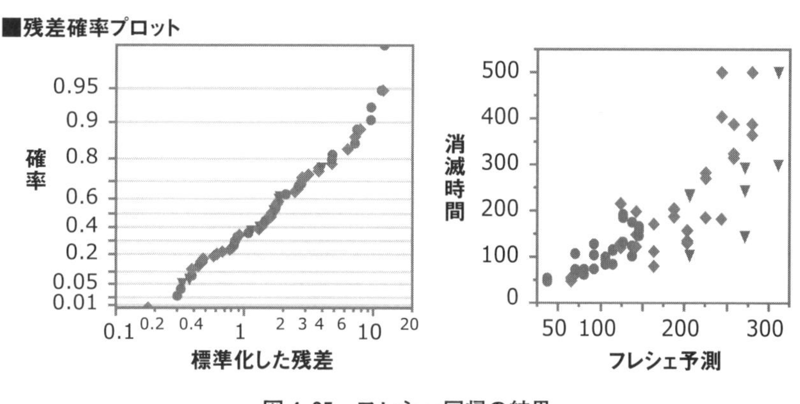

図 4.25 フレシェ回帰の結果

のアイデアは，通常の重回帰分析にはない考え方です．本例の結果を**図 4.25** に示します．仮説のとおり温度は尺度パラメータ σ にも影響を与えることが確認できました．また，残差プロットの打点の傾向もほぼ直線的なので，モデルに構造的な問題がないと考えました．また，適合と

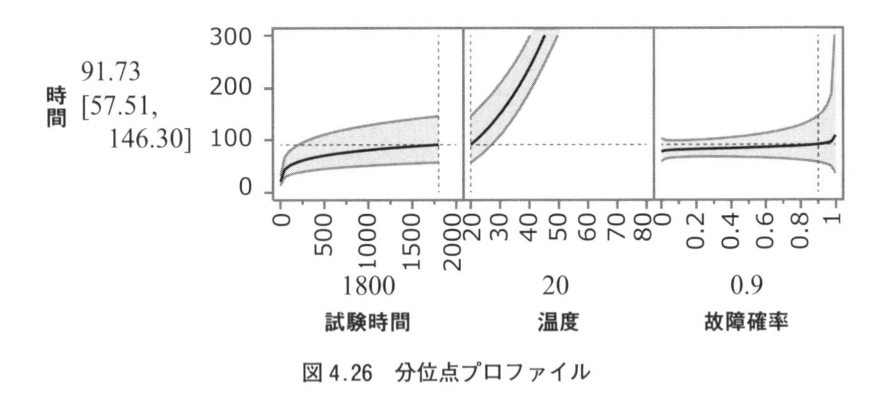

図 4.26　分位点プロファイル

推定値から得られたフレシェ回帰は，以下のようになります．

$$F(y) = \exp\{-\exp(-\hat{\mu}/\hat{\sigma})\}$$
$$\hat{\sigma} = 2.575 - 0.064/(K_B T) \qquad (4.26)$$
$$\hat{\mu} = \ln(\text{消滅時間}) - \{12.188 - 0.233/K_B T + 0.198 \ln(\text{試験時間})\}$$

(4.26)式を使って，実環境での気泡消滅時間を予測します．**図 4.26** は温度 20℃，試験時間 30 時間(1800 分)，$F(y) = 0.9$ のときの気泡消滅時間を予測したグラフです．点推定は 91.73(秒)であり，信頼率 95%の上側信頼限界は 146.30(秒)です．

したがって，室温 20℃のクリーンルームで表示装置の生産を行う場合，フィルムに連続して 30 時間ほどの圧力が加わったとしても，気泡は 3 分弱で消滅すると予測できます．

目からウロコ 4.5：特徴量によって予測モデルは変わります

①　間隔尺度の標本平均の推定法が(重)回帰です．
⇒比例尺度の標本平均の推定は目的変数を対数変換します．

②　比例尺度の最小値の推定法が(多重)ワイブル回帰です．
⇒間隔尺度の最小値の推定法が最小極値回帰です．

③　比例尺度の最大値の推定法が(多重)フレシェ回帰です．
⇒間隔尺度の最大値を推定する方法が最大極値回帰です．

第 5 話　主成分分析と対応分析―蛹の姉妹

　主成分分析は量的変数の相関係数を，対応分析は質的変数の関連性を使って次元を縮約する手法です．また，分析結果をグラフィカルに表現する柔らかな技術でもあるのです．グラフィカルな表現は直感的に理解しやすいのですが，分析結果は柔軟に解釈されるので，分析者が恣意的な結論を導きやすい危険性があります．本章ではちょっと斜めから次元の縮約手法を眺めてみましょう．

5.1　蛹から出ずる蝶

　主成分分析は量的データの次元縮約法です．どのような情報を使って次元を縮約するのかを紹介します．主成分分析は**相関係数行列**，あるいは**分散共分散行列**を分解する方法です．本書では相関係数行列から出発する主成分分析を対象にします．この方法は平均と標準偏差の情報を除いた分析になりますから，主成分分析を行う前に各変数の平均と標準偏差を確認しておきましょう．相関係数行列を蛹，主成分分析の結果を蝶にたとえると，蛹からどんな蝶が飛び立つのか楽しみです．

■偏差値は本当はいい奴

　受験競争で使われる偏差値はばらつきに着目した指標です．各教科の難易度が違うと不公平なので，偏差値は平均の影響を取り除きすべての平均を 50 点に調整します．平均調整後の点数のばらつきは各教科で違いますから，すべての標準偏差が 10 点になるように調整します．**図 5.1** に平均と標準偏差の調整の方法を示します．各科目の偏差値を合計すれば，公平に受験生の総合的な順位が決まるというわけです．

　統計学でも同様な考え方で**標準化**します．(5.1)式に示すように，平均は 0 に標準偏差は 1 になるように調整します．標準化は平等ですが，

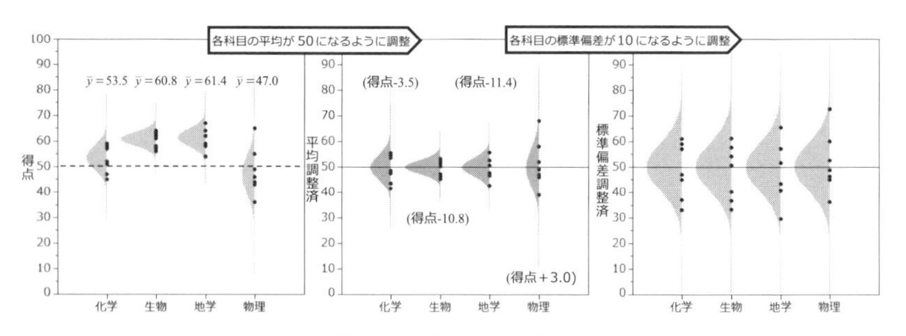

図 5.1　各教科の得点を偏差値に変える方法

標準化により平均と標準偏差の情報が消えることに注意しましょう．

$$u_y = (y - \bar{y})/s \tag{5.1}$$

■変数間の関係をどう決める

2変数の分析では散布図や相関係数を使い，変数間の関係性を確認します．相関係数は共通性(ともにばらつく部分)が全体のばらつきに比べてどの程度あるのかを調べる指標です．共通性は正方向(ともに増えたり減ったりする傾向)と負方向(一方は増えれば一方が減る傾向)があるので，0〜1と0〜−1で表します．その両方を加えると相関係数は−1〜1の範囲をとる値になります．なお，相関係数は(5.2)式で計算します．

$$r = \sum_{i=1}^{n} (x_i - \bar{x})(y_i - \bar{y}) \Big/ \sqrt{\sum_{i=1}^{n} (x_i - \bar{x})^2 \sum_{i=1}^{n} (y_i - \bar{y})^2} \tag{5.2}$$

ここで n は標本数です．また，変数の標準化後の相関係数は，

$$r = \sum_{i=1}^{n} u_{xi} u_{yi} / (n-1) \tag{5.3}$$

と簡単に表すことができます．標準化の前と後で相関係数の値は変わりません．(5.3)式から相関係数は u_x と u_y の平均的な面積を表すものだとわかります．この面積は負の値をとることがあります．平均的な面積が最大になるのはすべての u_{xi} と u_{yi} ($i=1, 2, \cdots, n$)が等しい場合で，その値は1です．最小になるのはすべての u_{xi} と u_{yi} が異符号で絶対値が等しい場合で，その値は−1です．**図 5.2** 左は7つの個体の観測値を打

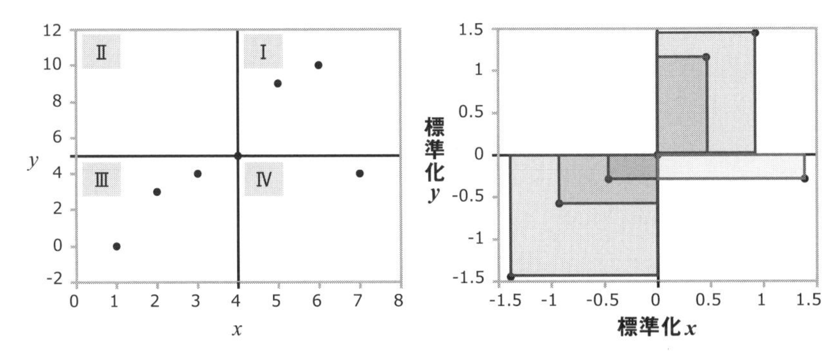

図 5.2 相関係数の面積表現

点した散布図です．ギリシャ数字のⅠ～Ⅳは象限を表しています．**図 5.2** 右は標準化後の散布図に原点からの面積を描いたものです．第Ⅰ象限と第Ⅲ象限の打点からは正の，第Ⅱ象限と第Ⅳ象限の打点からは負の面積が得られます．

相関係数の計算は何の制約もありませんが，データ分析では背後に **2 変量正規分布**を仮定します．標準化後の正規分布の確率密度は，

$$f(u)=\frac{1}{\sqrt{2\pi}}\exp\left(-\frac{1}{2}u^2\right) \tag{5.4}$$

です．標準化により正規分布の確率密度は少しだけ簡単な関数になります．また，標準化された 2 変量正規分布の確率密度は，

$$f(u_x, u_y)=\frac{1}{2\pi\sqrt{1-\rho^2}}\exp\left(-\frac{1}{2}Q\right)$$
$$Q=\frac{1}{1-\rho^2}(u_x^2-2\rho u_x u_y+u_y^2) \tag{5.5}$$

となります．かなり複雑な関数です．ρ はローと読みます．ここで，$f(u_x, u_y)$ の確率が同じになる等高線の条件は c を定数として，

$$\frac{1}{1-\rho^2}(u_x^2-2\rho u_x u_y+u_y^2)=c \tag{5.6}$$

の場合です．このとき，$\rho=0$ ならば原点$(0,\ 0)$を中心とする円になり，ρ が正の値であれば長軸は 45 度線に沿って長さが $2\sqrt{c(1+\rho)}$，短軸は

長さが$2\sqrt{c(1-\rho)}$の楕円になります．一方，ρが負の値であれば長軸は135度線に沿って長さが$2\sqrt{c(1-\rho)}$，短軸は長さが$2\sqrt{c(1+\rho)}$の楕円になります．この楕円が**第2話**でも顔を出した**確率楕円**です．ここで，ρは**母相関係数**です．この性質を使い，原点からの累積確率や発生確率を求めることができます．このとき，同じ確率となる距離を**マハラノビス距離**といいます．

■相関係数のもう一つの顔

相関係数はもう一つの顔をもっています．それは，三角関数のコサイン(余弦)を使った顔です．2つのベクトル(変数)の成す角度のコサイン

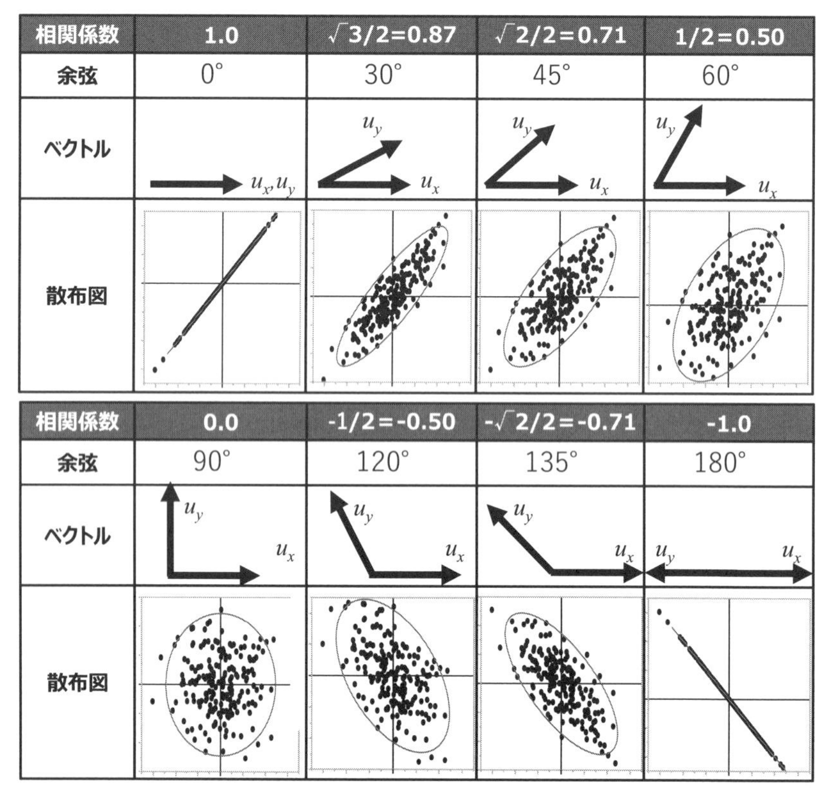

図5.3　相関係数のベクトル表現と散布図

の値が相関係数なのです．なお，ベクトルの長さは標準偏差です．**図5.3**は相関関係をベクトル表現でまとめたものです．主成分分析では相関関係をベクトルで表すグラフが出力されます．**図5.3**でイメージを摑んでおきましょう．

■お宝を掘り出す

主成分分析は変数の相関構造からお宝を発見する手法です．宝探しは変数のなかに隠れている意味のある**主成分**を掘り出すことです．ここでの変数とは**図5.4**に示すように観測値から平均の情報を除いた部分です．

さて，以下の話は，講義の演習で受講者にアンケート調査の計画と分析を考えてもらった際に得た筆者の教訓です．あるチームが「学生が理想の相手を思い浮かべるときに何を重要にするか，また，重要と考える項目間にどんな関係があるか」を調査することにしました．アンケート

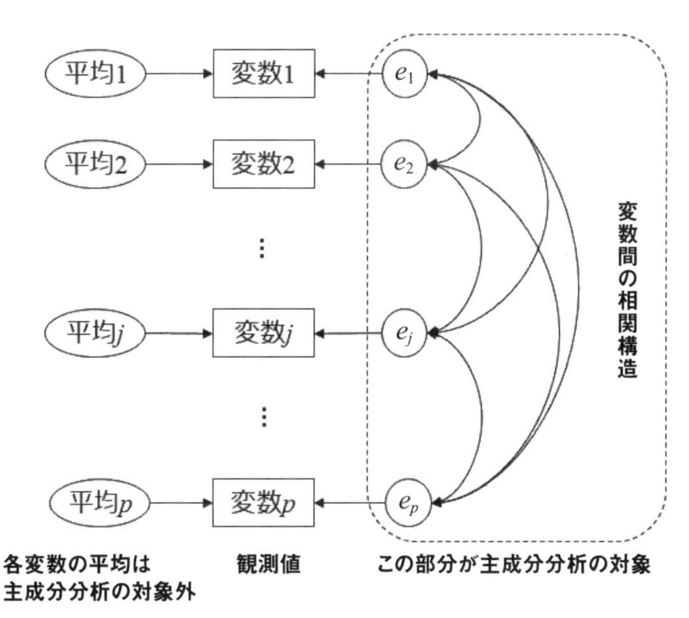

図5.4　主成分分析が対象とするのは誤差のばらつき

の設問を選ぶとき，A 君は「互いに関連が強いものを選ぶのは重複になり無駄になるから，できる限り関連が薄い設問をいくつか用意するのはどうか」と提案しました．しかし，B 君からは「それでは項目間に相関関係が出ないから，主成分分析が使えないのでは」と発言しました．喧々諤々の末，以下の 7 つの項目で調査を行うことにしました．評点は 5 段階評定尺度を使い，評点は 1～5 で点数が低いほう～高いほうに重要度が高くなるように設計しました．

- 経済力：相手の金銭的余裕度
- 容姿：相手の容姿
- 性格：相手の性格
- 年齢：相手との年齢の差
- 趣味：相手との趣味の一致度
- 相性：相手との相性の良さ
- 距離：相手との居住地間の距離

調査前，C 君は「性格を重視すれば，経済力は重視しないと思うから負の相関関係があり，主成分分析の結果に対立構造が見えるはず」と主張しました．D 君は「性格と相性はともに重要な項目だから正の関係があり，1 つの主成分になる」と主張しました．いくつかの仮説を考えた後に，20 人の学生に調査を行い，データを分析しました．その結果を**表 5.1** に示します．性格と相性の平均は高く 4 点を超えました．経済力や距離は 3 点以下で重要度は低いようです．平均だけを見ると学生たちの主張が正しいように思えます．ここで，あなたに質問です．

質問❶：顧客満足度や従業員満足度の調査などで得られた項目の平均の高いもの同士は正相関が強く，平均の差異が大きい項目同士は負相関が高いものと考えてよいでしょうか．

表 5.1　7 つの質問の基本統計量

	経済力	容姿	性格	年齢	趣味	相性	距離
平均	2.15	3.80	4.60	3.00	3.05	4.10	2.55
標準偏差	0.933	0.951	0.598	1.026	1.234	1.021	1.191

質問❶に対する答えです．**図 5.4** からわかるように，**相関係数には平均の情報は含まれていません．ですから，平均の大小だけで相関関係を論じるのは危険です．表 5.2** はアンケート 7 項目の相関係数行列です．相関係数は対角線を挟んで $r_{ij} = r_{ji}$ で同じ値です．煩雑さを防ぐ意味で左下三角形の部分だけを表示します．**表 5.2** を見ると残念ながら経済力と性格には正の相関があります．性格と年齢には負の相関があります．私たちは「知らず，知らず…」のうちに平均的なものの見方や考え方に囚われているのです．

図 5.5 は主成分分析の結果です．ここでは，**図 5.5** 左の**固有値**とよばれる主成分得点の分散を使い，その値が 1 以上の成分を意味のある成分と考えます．**図 5.5** 右の表が**因子負荷量**とよばれる主成分と元の変数との相関係数です．因子負荷量の大きさを使い，主成分がもつ意味を考察

表 5.2　7 つの質問の相関係数

経済力	**1.00**						
容姿	-0.08	1.00					
性格	**0.58**	0.22	1.00				
年齢	-0.22	0.00	**-0.43**	1.00			
趣味	0.22	-0.17	-0.11	0.00	1.00		
相性	0.20	0.08	0.07	-0.25	0.29	1.00	
距離	0.02	0.01	0.10	-0.17	-0.27	-0.18	1.00

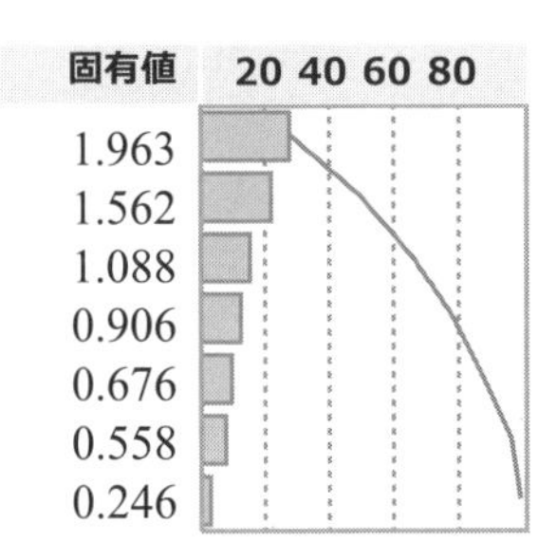

	主成分 1	主成分 2	主成分 3
経済力	0.771	0.143	-0.243
容姿	0.129	-0.327	0.865
性格	0.820	-0.313	0.063
年齢	-0.672	0.152	0.097
趣味	0.162	0.794	-0.118
相性	0.438	0.513	0.331
距離	0.097	-0.649	-0.379

図 5.5　7 つの質問の主成分分析の結果

します．第1主成分と経済力と性格が正の強い相関をもち，第1主成分と年齢がやや強い負の相関をもっています．そこで，第1主成分は「魅力と年齢差の対立概念」を表すものと考えます．第2主成分と趣味と相性がやや強い正の相関をもち，第2主成分と距離がやや強い負の相関をもっています．第2主成分は「価値観をとるか距離の近さをとるかの対立概念」を表すものと考えます．第3主成分と容姿のみが強い正の相関をもっていますから「容姿を表す」ものと考えます．容姿はもともと他の変数との相関が弱かったので元の変数単独の成分が抽出されたようです．なお，第1主成分は主成分と元の変数との相関の2乗和が最大となる線形式です．第2主成分は第1主成分とは無相関で第2主成分と元の変数との相関の2乗和が2番目に大きな線形式です．第3主成分以降も同様の線形式が得られます．本例の線形式を(5.7)式に示します．

$$
\begin{aligned}
z_1 &= 0.39u_1+0.07u_2+0.42u_3-0.34u_4+0.08u_5+0.22u_6+0.05u_7 \\
z_2 &= 0.09u_1-0.21u_2-0.20u_3+0.10u_4+0.51u_5+0.33u_6-0.42u_7 \qquad (5.7) \\
z_3 &= -0.22u_1+0.80u_2-0.06u_3+0.09u_4-0.11u_5+0.30u_6-0.35u_7
\end{aligned}
$$

u_1：経済力，u_2：容姿，u_3：性格，u_4：年齢，u_5：趣味，
u_6：相性，u_7：距離

(5.7)式では元の変数を標準化 u_j ($j=1, 2, \cdots, 7$) しています．また，主成分得点の計算は元の変数をすべて使いますから，主成分の解釈で無視した変数も主成分得点に与える影響はゼロではありません．個体と主成分得点の吟味が大切です．以下に主成分分析のお宝を整理します．

主成分分析で得られるお宝

- **主成分**　　　：p 変数を p 個の無相関の成分に変換したもの
- **固有値**　　　：主成分の分散
- **固有ベクトル**：主成分を求める線形式の係数
- **因子負荷量**　：主成分と元の変数との相関係数
- **主成分得点**　：主成分で個体に与えられる得点

■ You（外国人）の宿泊先はどこ

次のお宝探しに出かけましょう．扱うデータは，2007年〜2017年に日本に訪れたYou（外国人）の宿泊者数[1]です．変数はYouの出身国と宿泊した都道府県，および観測年です．個体数は観測年＊都道府県（11×47）の$n=517$です．個体側が観測年と都道府県の組合せになっているところがミソです．事前分析として出身国別の宿泊者の推移を**図5.6**に示します．スムージングされた曲線の元は47都道府県の年平均の宿泊数です．縦軸は対数尺になっています．どの国も上昇傾向にあります．ただ，2011年は東日本大震災があったので宿泊者数はどの国も減少しました．相対的に宿泊数が多い国と地域は中国・台湾・韓国・香港と近隣です．

表5.3は出身国の宿泊者数の基本統計量のまとめです．各国とも最小値と最大値の桁数に大きな違いがあります．このような場合は対数変換をして主成分分析を行うとよいでしょう．**図5.7**左は実尺で米国と中国

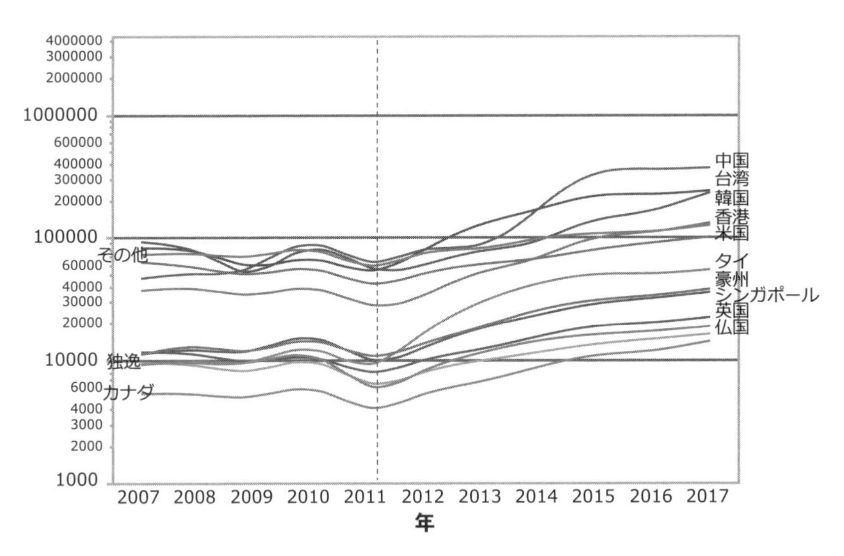

図5.6 外国人の宿泊数の年推移

1) 外国人宿泊者数は国土交通省観光庁のウェブサイト（http://www.mlit.go.jp/kankocho/siryou/toukei/shukuhakutoukei.html）からダウンロードすることができる．

表5.3 海外からの宿泊者数の基本統計量

出身国	平均	標準偏差	最小値	最大値
中国	157124.4	440064.43	640	4278850
台湾	128349.4	275528.12	1030	1978310
韓国	103571.2	249154.48	830	2310900
米国	66050.6	210171.04	780	2196620
香港	61929.0	158693.89	60	1223930
タイ	27108.9	79559.50	0	696560
豪州	20429.7	67161.05	50	701700
シンガポール	19492.5	62404.09	10	595020
英国	13858.2	49947.86	50	492470
仏国	12171.2	42722.95	60	385760
独逸	10795.2	33508.24	80	336300
カナダ	7696.7	26623.48	40	295510
その他	87700.1	259269.12	1000	2410340

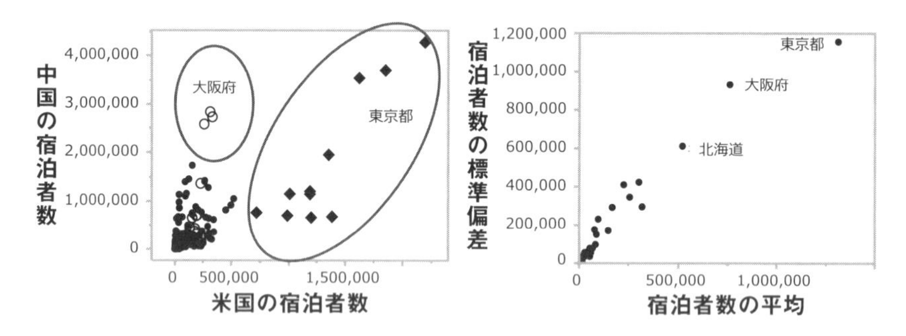

図5.7 米国と中国の宿泊者数(左)と宿泊者の平均と標準偏差(右)

の宿泊者の推移を散布図にしたものです．東京都の宿泊者数が圧倒的に多いことがわかります．また，**図5.7**右は都道府県別の外国人宿泊者の平均と標準偏差の散布図です．特に，東京都・大阪府・北海道の宿泊者数が多く，標準偏差も大きいことがわかります．

今回は宿泊者の多い上位5カ国の分析を行います．実尺での分析結果からは東京都と他の都道府県の差異しか抽出できないかもしれません．そこで，宿泊者数の対数を使って相関係数を行列の形でまとめたものが

表 5.4 宿泊者多い上位 5 カ国の相関係数

変数名					
対数韓国	1.00				
対数中国	0.71	1.00			
対数香港	0.75	0.82	1.00		
対数台湾	0.77	0.85	0.93	1.00	
対数米国	0.71	0.86	0.71	0.76	1.00

表 5.4 です．いずれの変数間にも高い正の相関が認められます．このような場合は，第 1 主成分の寄与率が大きく総合的な主成分が得られます．

さて，主成分分析は相関係数行列を分解する手法です．この分解は数学では**固有値問題**[2]といわれます．固有値問題は相関係数行列のような対称行列を固有値 λ（ラムダ）と固有ベクトル $a_i(i=1,\ 2,\ \cdots,\ p)$ に分解します．得られた固有ベクトルは他の固有ベクトルと直交し，2 つのベクトルが直交するときは互いに無相関になります．

この性質を使い，相関のある p 個の変数を無相関な p 個[3]の主成分に分解します．固有値・固有ベクトルで分解した結果を**表 5.5** に示します．固有値・固有ベクトルを使い，(5.8)式で主成分の要素を計算します[4]．

$$\text{主成分の}(i,\ j)\text{要素}=\lambda a_i a_j \tag{5.8}$$

次に，第 1 主成分を調べます．この主成分だけで元の相関関係の大半の情報をもっています．この主成分の要素はすべて正の大きな値です．このため，第 1 主成分は宿泊者数の総合的な傾向を表していると考えます．第 2 主成分以降は絶対値で小さな値ですから，有益な情報はほとんどないかもしれません．一般的な主成分分析では，固有値が 1 以下の場合，主成分の解釈をしないように勧められています．相関係数行列から

---

2) 主成分分析は固有値問題を，対応分析は特異値分解を解くことで解が求まる．特異値分解はテクニカルな方法を使えば固有値問題に帰着する．詳しくは本書の付録や巻末の参考文献［12］などを参照されたい．

3) 相関係数行列($p\times p$)から p 個の主成分が得られる．特別な場合（ランク落ちした場合）には小さいほうの主成分の固有値がゼロとなり，p 個よりも少ない主成分しか求まらない．この性質を使い多重共線性の発見に主成分分析が利用される．

4) なお，「固有値問題をどう解くか」については本書の付録や巻末の参考文献［9］の 22 講〜23 講を参照されたい．

表 5.5　主成分で分解された相関係数行列

固有値	4.154	第1主成分					
固有ベクトル	0.423	対数韓国	0.74				
	0.457	対数中国	0.80	0.87			
	0.455	対数香港	0.80	0.86	0.86		
	0.466	対数台湾	0.82	0.88	0.88	0.90	
	0.434	対数米国	0.76	0.82	0.82	0.84	0.78
固有値	0.362	第2主成分					
固有ベクトル	-0.385	対数韓国	0.05				
	0.377	対数中国	-0.05	0.05			
	-0.403	対数香港	0.06	-0.06	0.06		
	-0.268	対数台湾	0.04	-0.04	0.04	0.03	
	0.689	対数米国	-0.10	0.09	-0.10	-0.07	0.17
固有値	0.306	第3主成分					
固有ベクトル	0.808	対数韓国	0.20				
	-0.195	対数中国	-0.05	0.01			
	-0.407	対数香港	-0.10	0.02	0.05		
	-0.325	対数台湾	-0.08	0.02	0.04	0.03	
	0.194	対数米国	0.05	-0.01	-0.02	-0.02	0.01
固有値	0.115	第4主成分					
固有ベクトル	-0.140	対数韓国	0.00				
	-0.782	対数中国	0.01	0.07			
	0.179	対数香港	0.00	-0.02	0.00		
	0.217	対数台湾	0.00	-0.02	0.00	0.01	
	0.538	対数米国	-0.01	-0.05	0.01	0.01	0.03
固有値	0.063	第5主成分					
固有ベクトル	0.010	対数韓国	0.00				
	0.007	対数中国	0.00	0.00			
	0.658	対数香港	0.00	0.00	0.03		
	-0.747	対数台湾	0.00	0.00	-0.03	0.04	
	0.096	対数米国	0.00	0.00	0.00	0.00	0.00
		主成分の合計					
		対数韓国	1.00				
		対数中国	0.71	1.00			
		対数香港	0.75	0.82	1.00		
		対数台湾	0.77	0.85	0.93	1.00	
		対数米国	0.71	0.86	0.71	0.76	1.00

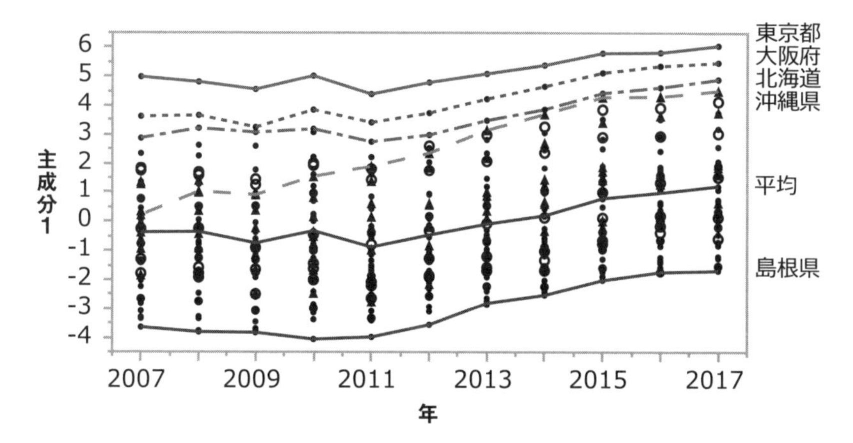

図 5.8　第 1 主成分得点による外国人宿泊者の推移

出発する主成分分析では変数の数が固有値の合計になるので，変数 1 個分の情報もない主成分は単なる誤差として処理されることが多いのです．

図 5.8 は第 1 主成分による外国人宿泊者数の推移です．このグラフは純米吟醸酒の如くデータを磨き上げ(第 2 主成分以降の情報を捨て)，第 1 主成分だけで宿泊数の推移を要約したものです．グラフから 2011 年以降は平均的に宿泊者数が増加していることがわかります．上位の東京都・大阪府・北海道，下位の島根県も順調に宿泊者数を伸ばしています．そのなかで，沖縄県の伸び(**図 5.8** の破線)は平均的な位置から 4 位までジャンプアップしていますから，さまざまな取組みをした結果であろうと推察されます．

■上位の主成分がフィルターに

今度は総合指標となる第 1 主成分が共通性を取り除くフィルターだと考える立場で分析します．実は固有値の大きな主成分をフィルターとして利用する分野があります．一例を挙げると脳の磁場の分析に使われる信号理論の世界[5]です．脳の特定の部位から発せられる磁場はごく微量

5)　最近の信号理論では主成分分析よりも独立成分分析といわれる手法でフィルターをかけることが多い．これは変動が正規分布に従わない場合の回避である．

です．その値は寝返りや心臓の鼓動，瞬きなどの脳以外から発せられる大きな信号に埋没しています．そこで主成分分析を行い，固有値の大きな主成分をフィルターとして使うのです．固有値が小さくても(情報量が微量でも)，そこにお宝が眠っていることがわかっているので，こうした方法が使われます．

先ほどの You の宿泊先の例で，第１主成分をフィルターにしてみましょう．**図 5.9** 左が第２および第３主成分得点の散布図です．この散布図には少し工夫がしてあります．都道府県の平均位置にも打点しているのです．総合的な指標を除いた相対的な特徴として，第２主成分の正方向に東京近郊の茨城県・千葉県・神奈川県が打点されています．また，第３主成分の正方向には韓国に近い，山口県・福岡県・大分県が打点されています．その理由は出身国にありました．**図 5.9** 右のグラフを見てください．これは**因子負荷量**といわれるグラフです．元の変数と第２主成分と第３主成分との相関関係を打点したグラフです．因子負荷量は，

$$r(z_i, y_j) = a_j / \sqrt{\lambda_i} \tag{5.9}$$

で計算します．因子負荷量は固有ベクトルを固有値の平方根で標準化した値です．因子負荷量のグラフを眺めるときには，**図 5.3** の相関係数のベクトル表現を思い出しましょう．第２主成分の正方向に米国のベクト

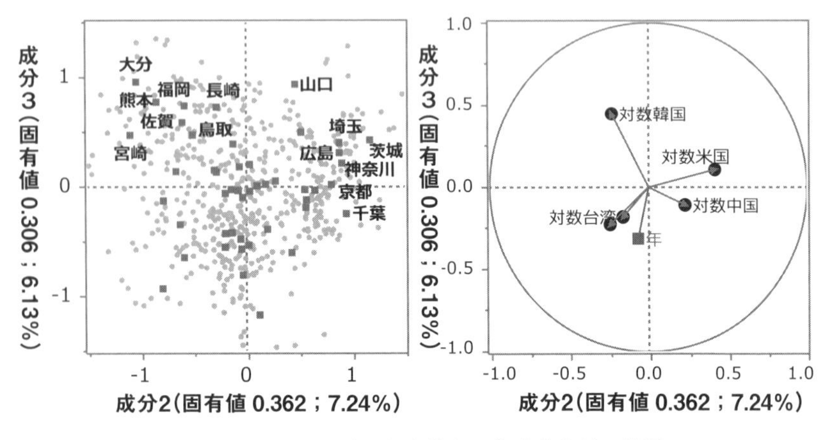

図 5.9　5 カ国の外国人宿泊者の主成分分析の結果

ルが，第3主成分の正方向に韓国のベクトルがあります．主成分の散布図と因子負荷量から，第2主成分は「相対的に米国のYouたちが東京近郊の各県に宿泊している」ことが示唆され，第3主成分は「相対的に韓国Youたちが自国に近い山口・福岡・大分などにLCCの格安航空ルートを使って宿泊していること」が示唆されます．

目からウロコ5.1：(相関係数行列から出発する)主成分の選び方

主成分の選び方は2種類あり通常は①の主成分と誤差の分離です．

① 主成分と誤差を分離する目安は固有値の値1以上です．

② 共通性をフィルターにする場合は上位の主成分をはじきます．

5.2　セレブ姉妹の性格

主成分分析は相関構造を意味のある成分と誤差に分離する方法です．主成分の選択の基準は重回帰分析のような変数選択の方法があるわけではなく，経験則から固有値の値で判断しています．主成分分析の背後に多変量正規分布を仮定しますが，実務ではデータ要約が目的なので，統計仮説を意識して分析することは少ないようです．質的データの次元の縮約法である対応分析も背後の前提を意識せずに便利な道具として活用されます．本節では主成分分析と対応分析の適用ポイントを紹介します．

■わかってほしい対応分析の性格

対応分析のもとになる情報は**表5.6**左にあるような2元表です．**表5.6**左の集計表は216人の学生が4つの氷菓のイメージを7つの項目で調べたものです．**表5.6**の数値は各項目でそう感じた人の人数を表しています．例えば，「雪見だいふくは3時のおやつである」に対して「そう思う」と感じた学生が111名いたという意味です．

2元表の分析では独立性の検定(カイ2乗検定)を行います．帰無仮説H_0は「氷菓とイメージとは独立である」というものです．一方，対立

表5.6　4つの氷菓の印象(左：並べ替え前，右：並べ替え後)

度数	ICEBOX	エッセル	ジャイアントコーン	雪見だいふく
3時おやつ	61	87	103	111
夏向	182	53	41	29
家族団欒	17	36	40	67
子供向	36	75	118	66
女性的	23	41	24	100
冬向	3	64	54	139
風呂上	59	34	14	31

$\chi_0^2 = 514.66$

度数	雪見だいふく	ジャイアントコーン	エッセル	ICEBOX	得点	数量化
冬向	**139**	54	64	3	-3	-0.56
女性的	**100**	24	41	23	-2	-0.32
家族団欒	67	40	36	17	-1	-0.32
子供向	66	**118**	75	36	0	-0.17
3時おやつ	**111**	**103**	87	**61**	1	-0.11
風呂上	31	14	34	**59**	2	0.50
夏向	29	41	53	**182**	3	0.91
得点	-2	-1	1	2		
数量化	-0.42	-0.20	-0.09	0.89		

出典)　この2元表は真柳麻誉美・古我可一(1999)：「低価格個食タイプ冷菓のパッケージによる認知構造の把握」，『女子栄養大学紀要　第30号』(pp.77-96)の集計表の一部を引用したものです．

仮説H_1は「氷菓とイメージとに関連がある」というものです．関連があるとは氷菓によって項目に反応した確率が変わるということで，氷菓とイメージとの間に**交互作用**(組合せ効果)があるということです．交互作用の強さはカイ2乗の値で判断します．カイ2乗はH_0からの乖離を表した量で，本例では**表5.6**左下に示すように514.66になります．

対応分析は**表5.6**右のように対角線上に度数(確率)が集まるように行と列を並べ替えます．この表は水準に順序をつけたものですから，行と列の水準は名義尺度から順序尺度に変わります．これで，**表5.6**右は散布図に似た表になります．散布図と同様の計算を行うには行と列の水準に適切な数量を与える必要があります．対応分析は行と列の相関係数を最大にする数量を探す問題を解いています．数量の与え方は参考文献[12]などを参照してください．主成分分析と同様に，この2元表を分解します．分解法は固有値問題と同様な方法で行いますが，対応分析は相関係数行列を分解するのではなく，2元表の交互作用を分解します[6)]．

さて，**表5.6**右の行と列の得点とは適当に数量を与えたものです．こ

6)　数学的な説明は本書の付録や宮川雅巳(1998)：『統計技法』(共立出版)の第6章などを参照されたい．

のときの相関係数は $r=0.399$ になります．一方，数量化の値は対応分析により行と列の相関係数が最大となるように値を計算したものです．このときの相関係数は $r=0.494$ になります．この例では，どんな数量を与えても $r=0.494$ より大きな相関係数が得られることはありません．対応分析で計算された**特異値**とはこの相関係数に他なりません．このため，主成分分析の固有値と異なり，対応分析の特異値は 1 を超えることはありません．**慣性**とは特異値の 2 乗です．単回帰の寄与率に相当しますから，行と列の直線的な関連性の強さの指標になります．

また，カイ 2 乗の値を合計すると 514.7 と丸めの誤差はありますが，**表 5.6** 左の表の下のカイ 2 乗の値になります．これにより対応分析は 2 元表の交互作用の大きさを意味するカイ 2 乗を分解する方法であることが確認できました．**寄与率**とは得られた次元のカイ 2 乗の全体に対する比率です．

さらに，対応分析で得られた最初の空間は次元 1 とよばれます．次に次元 1 の情報を取り除いて行と列を並べ替え，数量化した散布図を求めます．この空間は次元 2 とよばれます．以下，同様の操作を行い，下位の次元を求めていきます．次元の数は行と列の少ないほうの水準数から 1 を引いた数です．対応分析では，次元 1 と次元 2 など次元間の散布図を出力します．このとき行と列の水準の位置を同じ散布図に付置するので，この散布図は**同時布置図**とよばれます．同時布置図は反応のパターン(発生確率)の似ている水準が近くに配置され，反応のパターンが対極にある水準が遠くに配置される性質があります．

さて，**図 5.10** は本例の対応分析の出力になります．**図 5.10** 左に主成分の固有値・固有ベクトルなどに対応した値やスコアを，**図 5.10** 右に次元 1 と次元 2 の同時布置図を示します．同時布置図から，次元 1 は「夏向きか冬向きかの対立概念」を表しています．次元 2 は「(女性の)大人向きか子供向きかの対立概念」を表しています．

以上で対応分析からどのような蝶が飛び立つがイメージが得られたと思います．以下に主成分分析と関連させて対応分析のお宝をまとめます．

次元	特異値	慣性	カイ2乗	寄与率	累積寄与率
1	0.494	0.244	416.75	80.98	80.98
2	0.237	0.056	95.56	18.57	99.54
3	0.073	0.002	2.35	0.56	100.00

カテゴリー	次元1	次元2
3時おやつ	-0.1124	-0.1195
夏向	0.9119	0.0515
家族団欒	-0.3035	0.0383
子供向	-0.174	-0.413
女性的	-0.321	0.364
冬向	-0.5601	0.1955
風呂上	0.496	0.1741
ICEBOX	0.892	0.0787
エッセル	-0.0912	-0.0424
ジャイアントコーン	-0.1946	-0.3828
雪見だいふく	-0.4192	0.253

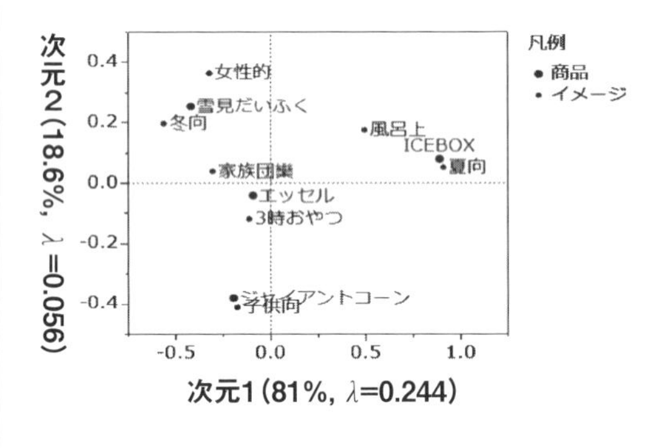

図5.10 氷菓の対応分析の結果

対応分析で得られるお宝

- **次元**：主成分分析の主成分に相当するもの
  行と列の小さい方の水準数 $c-1$ の次元が求まります.
- **特異値**：主成分分析の固有値に対応するもの
  行と列の数量化後の相関係数でもあります.
- **スコア**：主成分分析の固有ベクトルに相当するもの
  計算された水準の数量です.
  行と列の個体の数量を求める線形式の係数になります.
- **個体の得点**：主成分分析の主成分得点に相当するもの
  行と列の両方で計算できます.

■2水準対応分析の怪

表 5.7 はあるソフトウェアの取扱い説明書(取説)とソフトウェアの使い方に関するアンケート結果をまとめたものです．**表 5.7** は相関係数行列と同様に，対角線に対して対称なので，左下三角形の部分だけを表示しています．全体で見れば 2 元表の形をしています．詳細に見るとこの表は複数の 2 元表を積み上げたものになっています．このような表は**バート表**とよばれます．**表 5.7** のバート表に対応分析を行い，その結果を**図 5.11** に示します．

図 5.11 右は対応分析で得られた特異値の大きい 2 次元の散布図です．このグラフでは使い方・操作性・検索の 2 つが同じ位置に付置されているので，共通性のある変数としてまとめることができます．その方向は次元 1 です．次元 1 からソフトウェアの使い勝手は検索性に関係があると思われます．一方，取説を読むかどうかの方向は次元 2 ですから異なる情報をもっていると思われ，このデータからは取説を事前に読むか読まないかは，ソフトウェアの使い勝手に影響が薄いことが示唆されます．ここで，あなたに質問です．

表 5.7　ソフトウェアの使いやすさのバート表

変数	カテゴリー										
取説	読まない	172									
	読む	0	135								
内容	わかりにくい	88	54	142							
	わかりやすい	84	81	0	165						
検索	検索しにくい	98	63	96	65	161					
	検索しやすい	74	72	46	100	0	146				
使い方	迷う	94	72	92	74	124	42	166			
	迷わない	78	63	50	91	37	104	0	141		
操作性	良い	74	60	49	85	31	103	38	96	134	
	悪い	98	75	93	80	130	43	128	45	0	173

出典)　データの出典はテクノメトリクス研究会編(1999)：『グラフィカルモデリングの実際』(日科技連出版社)で筆者が提供したものである．

特異値	慣性	カイ2乗	寄与率	累積寄与率
0.650	0.422	875.64	42.21	42.21
0.457	0.209	433.59	20.90	63.12
0.408	0.166	345.91	16.68	79.79
0.332	0.110	228.22	11.00	90.79
0.303	0.092	190.98	9.21	100.00

y	カテゴリー	次元1	次元2
取説	読まない	-0.127	-0.784
	読む	0.162	0.999
内容	わかりにくい	-0.517	-0.451
	わかりやすい	0.450	0.388
検索	検索しにくい	-0.787	0.008
	検索しやすい	0.867	-0.009
使い方	迷う	-0.703	0.182
	迷わない	0.827	-0.214
操作性	良い	0.877	-0.250
	悪い	-0.679	0.194

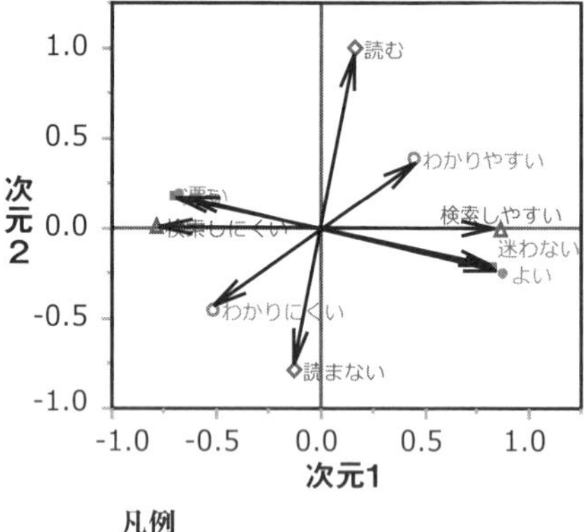

図5.11　ソフトウェアの使いやすさの対応分析

> **質問❷**：対応分析と主成分分析とはよく似た手法ですが，根本的な考え方の違いがあります．それは何でしょうか．

質問❷の答えです．**主成分分析では求めた主成分について個体の得点を算出します．一方，対応分析では求めた成分について水準のスコアを算出します．**興味は水準を数量化することです．水準の数量化により個体の得点が求まりますから支障はないとする考え方です．本当かどうか調べましょう．本例の変数の水準数はすべて2です．一方の水準に1を，もう一方の水準に0を与えて主成分分析を行います．得られた主成分の得点と，対応分析で得られた各成分のスコアの合計を比較してみます．すると，**図5.12**に示すように1次式の関係にあることがわかります．ただし，水準数が増えた場合はこのようなきれいな1次式の関係が得られるとは限りませんから，注意してください．

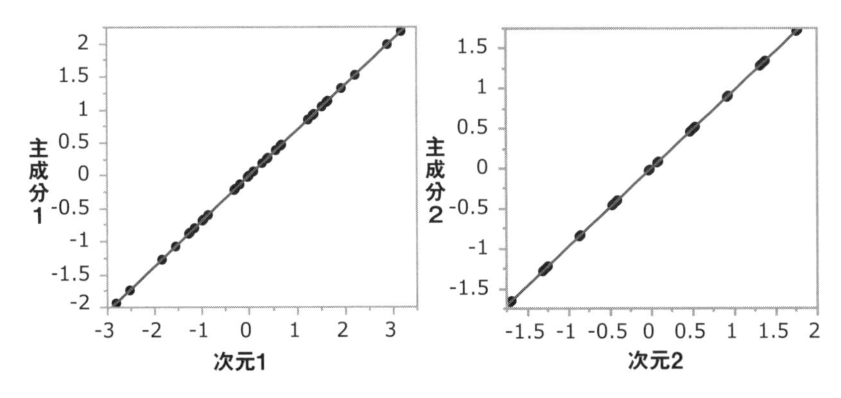

図 5.12　水準スコアから計算した個体得点と主成分得点の関係

■同じデータでも異なる答えが出る理由とは

対応分析は同じデータでも 2 元表の作り方を変えると異なる結果が得られます．その様子をソフトウェアの使いやすさの例で見てみましょう．ここでは以下の 3 つの 2 元表で比較をします．

(a)　要因と特性に分けた 2 元表(**表 5.8**)

(b)　(a)に加えて特性は組合せ(交互作用)を追加(**表 5.9**)

(c)　(b)に加えて要因にも組合せ(交互作用)を追加(**表 5.10**)

表 5.8 は 6×4 水準の 2 元表です．要因(取説・内容・検索)と特性(使い方・操作性)の交互作用を分解します．**表 5.8** のデータを対応分析した結果を**図 5.13** に示します．**図 5.13** 右の同時布置図から，次元 1 は

表 5.8　要因と特性に分けた 2 元表

度数		使い方		操作性	
		迷う	迷わない	良い	悪い
取説	読まない	94	78	74	98
	読む	72	63	60	75
内容	わかりにくい	92	50	49	93
	わかりやすい	74	91	85	80
検索	検索しにくい	124	37	31	130
	検索しやすい	42	104	103	43

表 5.9 要因と特性の組合せを調べる 2 元表

度数		使い方			
		迷う		迷わない	
		操作性		操作性	
		良い	悪い	良い	悪い
取説	読まない	18	76	56	22
	読む	20	52	40	23
内容	わかりにくい	19	73	30	20
	わかりやすい	19	55	66	25
検索	検索しにくい	13	111	18	19
	検索しやすい	25	17	78	26

表 5.10 要因の組合せと特性の組合せを調べる 2 元表

度数						使い方			
						迷う		迷わない	
						操作性		操作性	
						良い	悪い	良い	悪い
取説	読まない	内容	わかりにくい	検索	検索しにくい	5	46	4	6
					検索しやすい	6	1	16	4
			わかりやすい	検索	検索しにくい	3	28	2	4
					検索しやすい	4	1	34	8
	読む	内容	わかりにくい	検索	検索しにくい	4	23	4	4
					検索しやすい	4	3	6	6
			わかりやすい	検索	検索しにくい	1	14	8	5
					検索しやすい	11	12	22	8

「ソフトウェアの使い勝手」を表しています．次元 2 の特異値は 0.011 と小さいので，この次元は誤差と考えて解釈をしません．取説の検索のしやすさや内容のわかりやすさが，使い方で迷わないことや操作性の良さに影響するようです．同じ取説と同じソフトウェアの使い勝手に対する評価なので，回答者のソフトウェアに対する習熟度や相性などが評価に影響していると思われます．

同時布置図は特性と要因の水準のスコアを同時に付置できるので便利

特異値	慣性	カイ2乗	寄与率	累積寄与率
0.308	0.095	174.77	99.87	99.87
0.011	0.000	0.22	0.13	100.00

x	カテゴリ	次元1
取説	読まない	-0.012
	読む	0.015
内容	わかりにくい	-0.199
	わかりやすい	0.172
検索	検索しにくい	-0.476
	検索しやすい	0.525

y	カテゴリ	次元1
使い方	迷う	-0.278
	迷わない	0.328
操作性	良い	0.357
	悪い	-0.276

図 5.13　(a)表のソフトウェアの使いやすさの対応分析結果

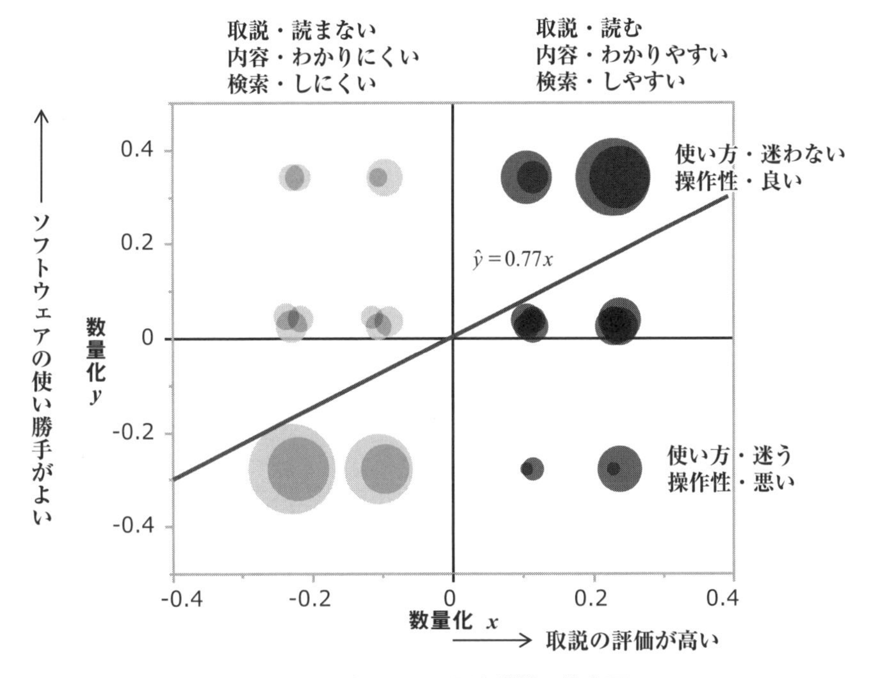

図 5.14　次元1の要因と特性の散布図

な反面，本例のように次元2の特異値が小さな値である場合は，次元2について過大解釈するリスクが生じます．このような場合，次元1に関して，単回帰分析のように要因と特性の関係をグラフにしたほうがわかりやすい場合があります．**図5.14**は次元1の要因の行平均と特性の行平均の散布図です．なお，バブルの大きさが評価者の度数です．また，円の濃いものが検索のしやすさの水準を表しています．横軸の要因の値が大きいほど取説の評価が高く，縦軸の特性の値が大きいほどソフトウェアの使い勝手が良いことを意味します．また，取説の評価が悪い人のなかでもソフトウェアの使い勝手が良いと感じる人もいますが，その比率は小さなものです．この結果は非常にわかりやすいものです．

次に，**表5.9**では**表5.7**に加えて特性の交互作用(使い方×操作性)が追加されました．3元データの分析にもなります．**表5.9**のデータに対応分析を行った結果を**図5.15**に示します．特性の水準数は4あります．

特異値	慣性	カイ2乗	寄与率	累積寄与率
0.367	0.135	124.36	96.58	96.58
0.067	0.005	4.16	3.23	99.81
0.016	0.000	0.24	0.19	100.00

x	カテゴリ	次元1	次元2
取説	読まない	-0.030	-0.079
	読む	0.038	0.101
内容	わかりにくい	-0.224	0.078
	わかりやすい	0.193	-0.067
検索	検索しにくい	-0.572	-0.019
	検索しやすい	0.631	0.021

y	カテゴリ	次元1	次元2
y	迷う・良い	0.190	0.140
	迷う・悪い	-0.417	-0.020
	迷わない・良い	0.423	-0.061
	迷わない・悪い	0.121	0.071

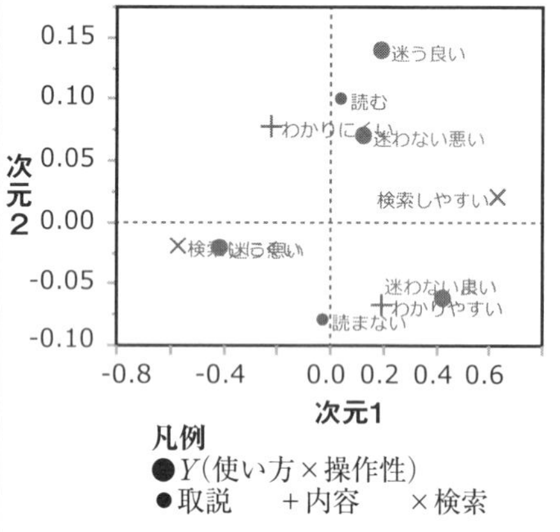

図5.15　(b)表のソフトウェアの使いやすさの対応分析結果

次元の数は要因と特性の水準数の少ないほうから1を引いた値[7]です．本例では特性の水準数4−1＝3次元まで求まります．この例も次元2の特異値が小さいので次元1の解釈に留めます．**図5.15**右の散布図の横軸に着目しましょう．次元1の負の方向の近い位置に検索しにくいと迷う・悪いという水準が打点されています．逆に次元1の正方向に検索しやすさと迷わない・良いという水準が打点されています．したがって，「検索のしにくさはソフトウェアの使い勝手に悪影響を与える」ようです．

さらに，**表5.10**では要因の交互作用(説明書・内容・検索)が追加さ

特異値	慣性	カイ2乗	寄与率	累積寄与率
0.642	0.413	126.65	89.98	89.98
0.181	0.033	10.04	7.13	97.11
0.115	0.013	4.07	2.89	100.00

x	カテゴリ	次元1	次元2
x	読まない・わかりにくい・検索しにくい	-0.704	-0.042
	読まない・わかりにくい・検索しやすい	0.780	0.132
	読まない・わかりやすい・検索しにくい	-0.718	-0.029
	読まない・わかりやすい・検索しやすい	0.924	-0.276
	読む・わかりにくい・検索しにくい	-0.519	0.037
	読む・わかりにくい・検索しやすい	0.382	0.399
	読む・わかりやすい・検索しにくい	-0.150	-0.192
	読む・わかりやすい・検索しやすい	0.370	0.180

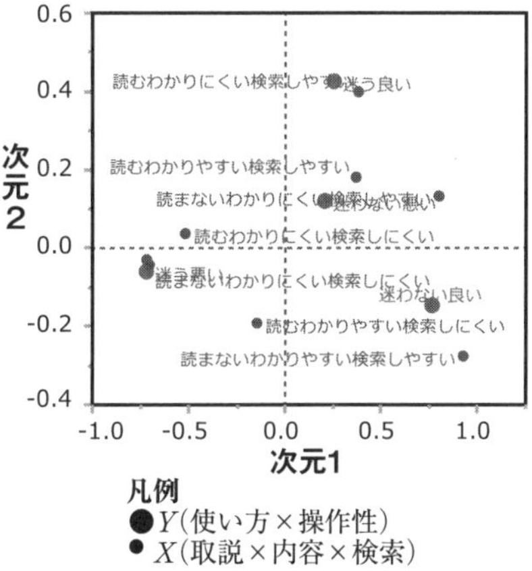

y	カテゴリ	次元1	次元2
y	迷う・良い	0.253	0.426
	迷う・悪い	-0.720	-0.059
	迷わない・良い	0.764	-0.146
	迷わない・悪い	0.205	0.120

凡例
● Y(使い方×操作性)
● X(取説×内容×検索)

図5.16　(c)表のソフトウェアの使いやすさの対応分析結果

7)　特異値の分解では行と列の水準数が小さいほうを使って次元の分解を行う．このとき最初の特異値は必ず不適解になるので，小さいほうの水準数から1を引いた値が求める次元数になる．その説明は巻末の参考文献[12]などを参照されたい．

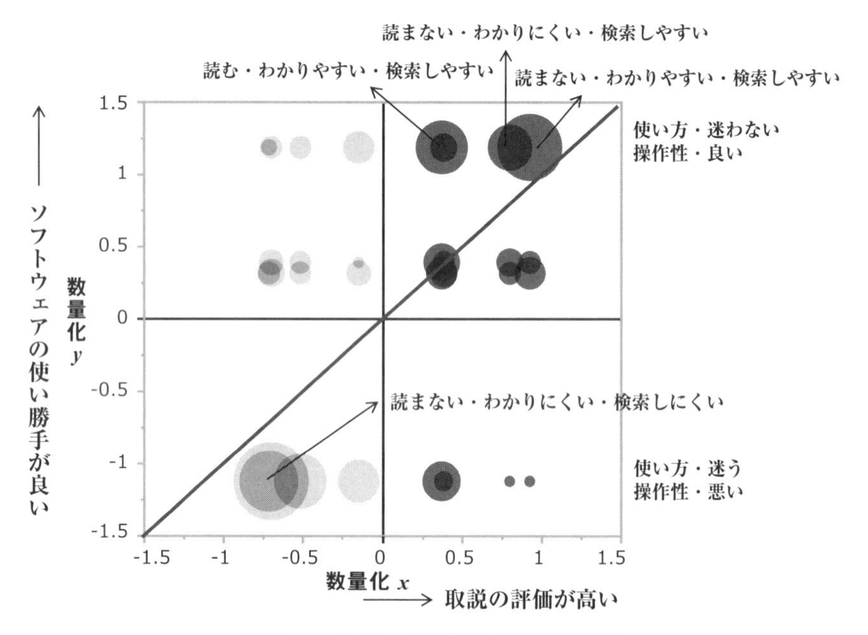

図 5.17　次元 1 の要因と特性の散布図

れました．5元表の分析が可能です．このように，組合せを掘り下げていくと情報量が増えます．けれども，**表 5.10** を見ると度数が1桁のセルが複数あります．セルの度数が少ないと分析結果の信憑性が下がります．このため，あらかじめ標本数を増やすか適度な掘り下げ(3元表や4元表程度)で分析するなどの工夫が必要です．**表 5.10** のデータに対応分析をした結果を**図 5.16** に示します．この分析でも，解釈するのは次元1だけでよさそうです．**図 5.16** 右の散布図ではちょっとした発見があります．取説を読むか読まないかにかかわらず，内容がわかりやすく，検索しやすい組合せがソフトウェアの使い勝手が良いと評価されるようです．それをわかりやすくグラフ化したものが**図 5.17** です．

以上から，対応分析では同じデータでも分析に使う表の作り方で結果が異なることがわかります．対応分析を行う前に，どのような交互作用に着目するのかを考えるとよいでしょう．

■順序尺度の変数を要約するには

アンケートデータの分析では，5段階や7段階の評点尺度をあたかも間隔尺度として主成分分析を行うことが多いようです．しかし，評点尺度は順序尺度なので，点数の間隔が本当に等間隔なのかわかりません．ここでは，評点尺度のデータに主成分分析と対応分析の両方の手法を使って結果を比較してみましょう．

分析に使うのは，巻末の参考文献[22]の『The Wine』[8)]にある赤ワインの27品種の特徴を表すデータです．分析する変数は果実味・ボディ・タンニン・酸味・アルコール度の5つです．これらの変数は5段階評点尺度を使っていますが，評点1や2がない変数もあります．**図5.18**は5変数のヒストグラムです．変数によって水準数が異なることがわかります．特にアルコール度は3水準しかありません．本当に間隔尺度で扱ってよいのか疑問です．

実際に主成分分析と対応分析，さらに対応分析で得られた水準のスコアを使って主成分分析を行った結果を比べます．まず，順序尺度のデータを間隔尺度と考えて主成分分析を行います．**図5.19**が主成分分析の結果です．第2主成分までの固有値が1を超え，累積寄与率も約80%あります．ここでは，第2主成分までを解釈しましょう．第1主成分の

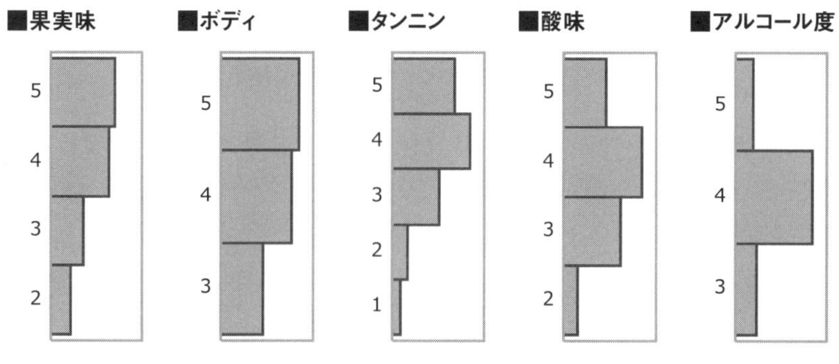

図5.18 赤ワイン27品種のヒストグラム

8) 赤ワインの代表的な品種について，バケットとマックが5段階評点尺度により点数化したものを使用した．これは平均的な赤ワインによる品種の得点のようである．

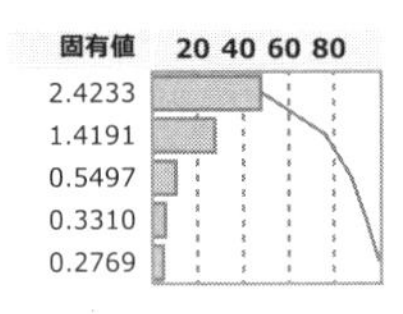

固有ベクトル	主成分 1	主成分 2
果実味	0.386	-0.572
ボディ	0.538	0.264
タンニン	0.278	0.663
酸味	-0.430	0.388
アルコール度	0.547	0.112

負荷量行列	主成分 1	主成分 2
果実味	0.602	-0.682
ボディ	0.837	0.315
タンニン	0.433	0.790
酸味	-0.670	0.462
アルコール度	0.851	0.133

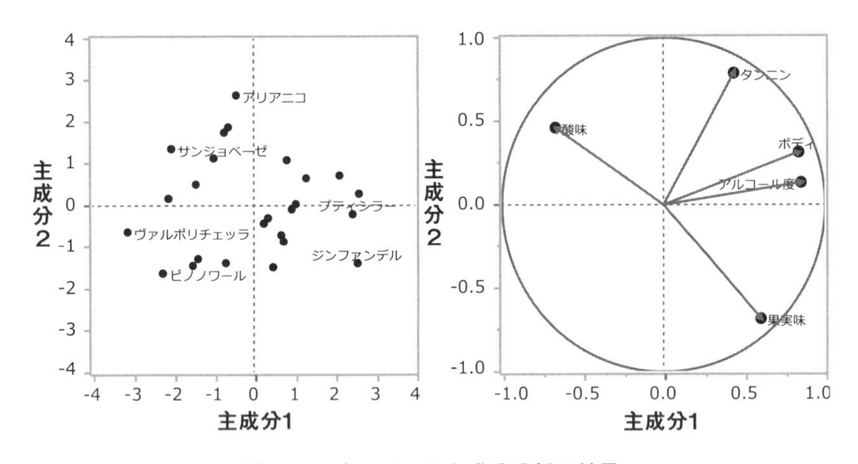

図 5.19　赤ワインの主成分分析の結果

正方向は酸味の少ない果実味溢れるワインという印象です．第2主成分はタンニンと果実味の対立軸で，正方向がタンニンの強いワイン，負方向が果実味の強いワインです．

次に対応分析の結果を**図 5.20** に示します．**図 5.20** 右の次元1と次元2の散布図を解釈してみましょう．本例の各変数は順序尺度なので，水準の値で線を結んでいます．次元1ではボディとアルコール度が正から負の方向に水準の値が大きくなっています．逆に酸味は負から正の方向に水準の値が大きくなっています．酸味とヘビー感の対立軸になってい

特異値	慣性	カイ2乗	寄与率	累積寄与率
0.750	0.562	121.70	20.07	20.07
0.646	0.418	90.40	14.91	34.98
0.581	0.340	73.17	12.07	47.05
0.527	0.278	60.19	9.93	56.98
0.515	0.265	57.42	9.47	66.45
0.478	0.228	49.46	8.16	74.60
0.434	0.189	40.86	6.74	81.34
0.411	0.169	36.59	6.03	87.38
0.325	0.106	22.92	3.78	91.16
0.309	0.095	20.66	3.41	94.56
0.297	0.088	19.04	3.14	97.71
0.204	0.042	9.01	1.49	99.19
0.119	0.014	3.06	0.50	99.70
0.092	0.009	1.85	0.30	100.00

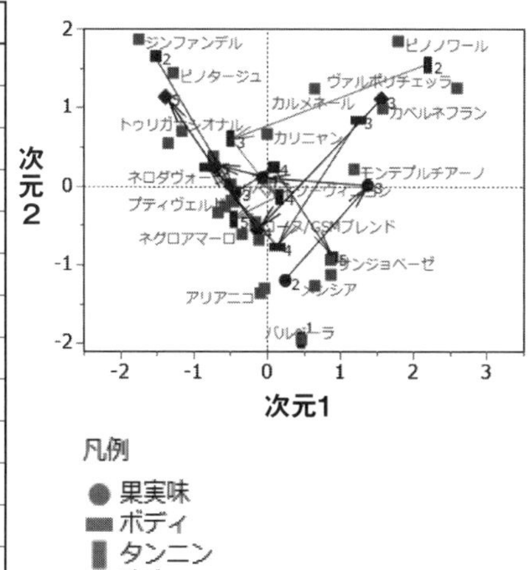

図 5.20　赤ワインの対応分析

ます．また，次元 2 では果実味は負から正の方向に水準の値が大きくなっています．逆にタンニンは次元 2 の正から負の方向に水準の値が大きくなっています．次元 2 は「果実味とタンニンの対立軸」になっています．したがって，主成分分析と対応分析では結果の解釈が異なっているように思われます．対応分析で得られた次元 1 の水準のスコアを使って個体の得点を計算し，相関係数を計算したものが**表 5.11** 右です．一方，**表 5.11** 左は変数を間隔尺度として相関係数を計算したものです．

表 5.11 の左右の相関係数を比較すると，タンニンと他の変数との相関係数と果実味とアルコール度の相関係数の差異が大きいことがわかります．2 つの相関係数行列から得られた主成分分析の第 1 主成分を比較したものが**図 5.21** です．**図 5.21** 左の横軸は間隔尺度として扱った場合の第 1 主成分得点，縦軸は対応分析の次元 1 の個体のスコアです．負相関ですが打点はほぼ 1 直線上に並んでいます．つまり，符号を調整すれば第 1 主成分と対応分析の次元 1 はほぼ同じ意味をもっています．また，次元 1 のスコアを使った主成分分析の第 1 主成分得点と次元 1 の個体のスコアは**図 5.21** 右の散布図からわかるように同じ情報をもっています．

表 5.11　赤ワインのデータの相関係数行列の比較

果実味	1.00				
ボディ	0.30	1.00			
タンニン	**−0.22**	0.50	1.00		
酸味	−0.56	−0.32	**−0.04**	1.00	
アルコール度	**0.38**	0.68	**0.35**	−0.38	1.00

果実味	1.00				
ボディ	0.37	1.00			
タンニン	**0.35**	0.48	1.00		
酸味	0.51	0.34	**0.26**	1.00	
アルコール度	**0.55**	0.69	**0.53**	0.37	1.00

注）左：間隔尺度として計算，右：数量化した値で計算.

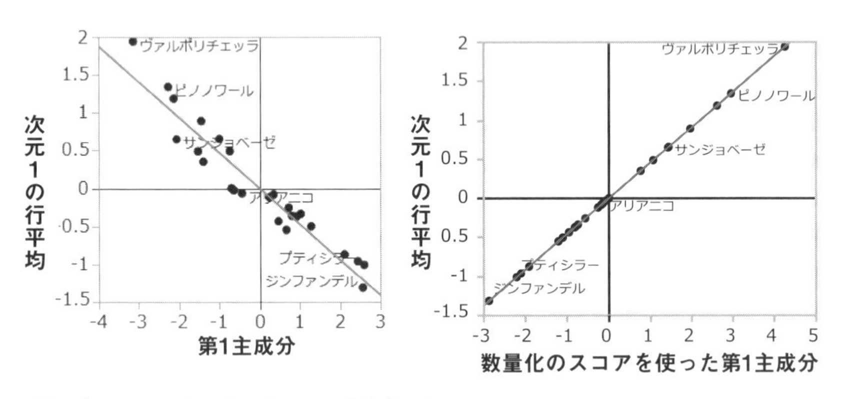

注）左：間隔尺度，右：次元1の数量化したスコア.

図 5.21　第1主成分と次元1の行平均の関係

目からウロコ 5.2：対応分析が行う数量化の性質

対応分析が行う数量化は2元表の交互作用(カイ2乗)の分解です.

① 個体ではなく行と列の水準への数量です.

② 分析対象とする2元表の与え方で結果が変わります.

③ 個体の得点と数量化後の主成分得点とは1次式の関係があります.

5.3　外れ値はお好き

複数の母集団が混合する場合や外れ値があるようなデータに主成分分析を行うことは本筋ではありません．この前提を逆手にとりグラフィカルに多変量空間の外れ値の抽出や混合した母集団の層別に役立てるテクニックがあります．これは分析で得られた主成分空間に個体を打点すると，外れ値や母集団の層別が可視化されやすいという性質を利用したものです．本節ではテクニカルな使い方を紹介します．

■いつまでも使われるアイリスのデータ

図 5.22 は有名なフィッシャーのアイリスのデータ[9]に主成分分析を行い，得られた第 1 主成分と第 2 主成分の主成分得点の散布図と因子負荷量のグラフなどです．このデータは，元々 3 種のアイリスを層別するために，花の特徴(がくの長さ，がくの幅，花弁の長さ，花弁の幅)の 4 変数について各種類で 50 本を観測したものです．本来は主成分分析で扱うべきデータではありません．ここでは，3 種類のアイリスがあることは知らない前提で主成分分析を行います．読者にはそれがどの種類のアイリスかわかるように**図 5.22** ではマーカーを変えています．

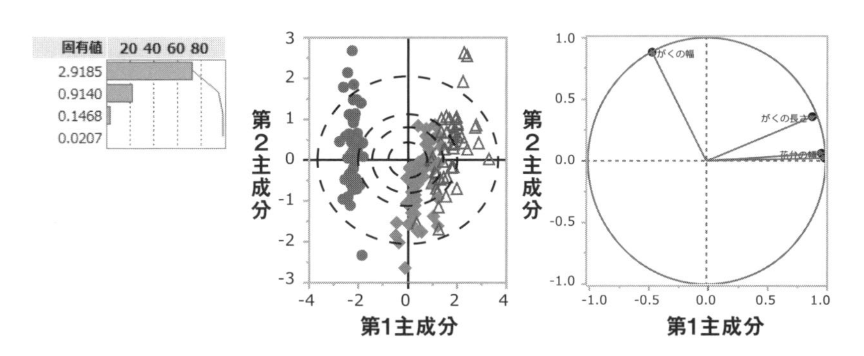

図 5.22　アイリスのデータの主成分分析の結果

---

9)　アイリスのデータはフィッシャー(1936)が判別分析を適用して以来，判別分析の模範的例題として繰り返し使われる．そればかりか，主成分分析の例題としても使われる．

図 5.22 中央の散布図を見てください．考察しやすいように信頼率（90%・50%・30%・10%）の確率楕円を破線で表しています．種類の違うアイリスのデータに主成分分析を行ったので，主成分得点の散布図では2変量正規分布に従っているように見えません．打点は原点を中心にランダムに分布しているわけでもなく，原点周りの密度が集中しているわけでもないのです．第1主成分では setosa（●）と他の2種類，versicolor（◆）と virginica（△）の違いを意味するようです．しかし，virginica と versicolor は分類できそうにありません．一方，第2主成分では3種類のアイリスそれぞれのばらつきは第1主成分よりも大きいので，アイリスの種類内の変動を意味するものかもしれません．

■オンリー・ワンを探せ

次の話は外れ値の発見に主成分分析を活用する問題です．多変量のデータに外れ値が含まれていることの影響は1変量の場合よりも複雑です．その理由の1つは多次元になると，平均や分散だけでなく相関係数にも影響を与えるからです．このような外れ値は2種類あります．最初の外れ値のタイプは相関係数を不当に膨張させるものです．このタイプの外れ値は最初の2個の主成分得点の散布図で検出できるといわれています[10)]．

このタイプの例を同じアイリスのデータを使って紹介します．今回は versicolor にお休みいただいて，50個の setosa のデータと virginica から1個だけ個体を選んだデータを使います．まず，**図 5.23** に示す散布図行列を確認してみましょう．virginica から選ばれた1個の観測値がいずれの散布図でも外れ値です．このようなデータは主成分分析を行う前に取り除かないと，分析結果に大きく影響します．第1主成分，または第2主成分で，ただ1個だけの virginica と50個の setosa との差異を表すものになってしまうのです．

実際に，主成分分析で主成分得点の散布図を描いてみましょう．**図**

10） Brian Everitt 著，医学統計研究会訳（1988）：『多変量グラフィカル表現法』（MPC）には，主成分分析を使った多変量空間における外れ値探索の記述がある．

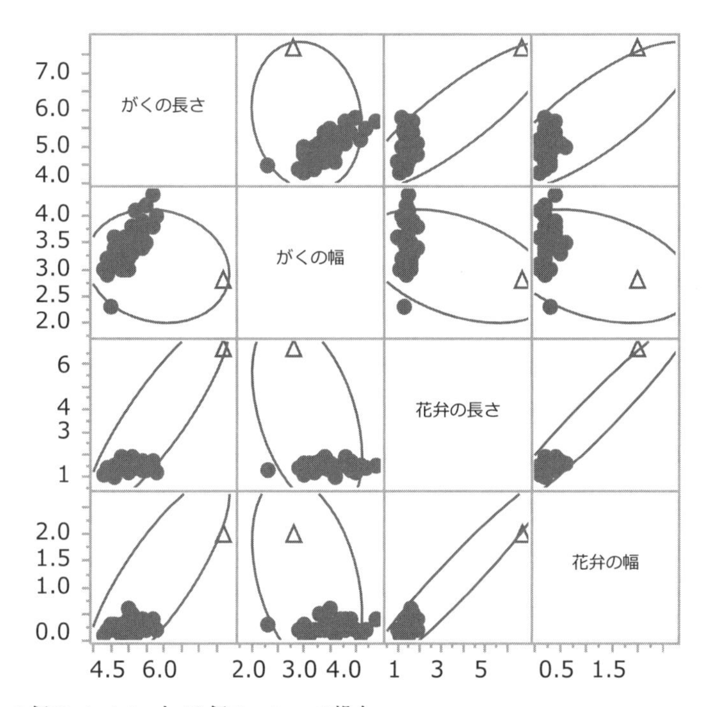

注）1個のvirginicaと50個のsetosaの場合.

図 5.23　アイリスの散布図行列

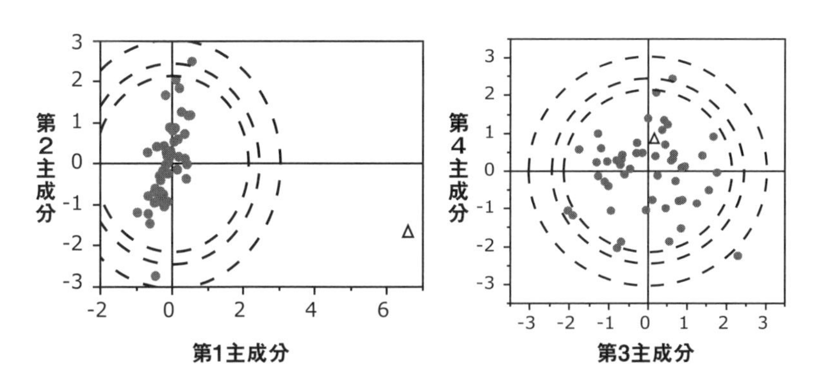

図 5.24　外れ値の検出用に主成分得点を活用した例

5.24 左が標準化された第1主成分得点と第2主成分得点の散布図です．また，散布図には信頼率(90%・95%・99%)の確率楕円を破線で描いています．virginica から得られた1個の個体は，マハラノビス距離であまりにも遠い位置(6倍強の標準偏差)に布置されていますから，1個の外れ値が明確に示されたことになります．このような場合は，この観測値をよく吟味して，データ分析から取り除くかどうかを判断しなければなりません．本例では，「このアイリスは setosa 以外の種類ではないか」という推測が得られます．実際に，この個体は virginica ですから生物学的に異なるものです．データ分析の結果からも setosa 以外の種類であることが示唆されたのです．

次に，第2の外れ値は通常，最後の少数個の主成分の散布図から見つけることができます．この外れ値は無意味な成分を増やすか，またはデータ内の特異性を不明瞭にするといった類の外れ値です．**図 5.24** 右は標準化された第3主成分得点と第4主成分得点の散布図です．今度は，virginica の個体は信頼率 90%の確率楕円のなかにいます．一方，**図 5.24** 左の大きい主成分空間では setosa のなかに外れ値があることは発見できなかったのですが，小さい主成分空間では setosa のなかに外れ値候補が見つかったようです．

目からウロコ 5.3：主成分分析は外れ値発見の道具

多変量空間での外れ値を探索するのは大変ですが，主成分分析を活用すれば，外れ値を2種類に分類して見つけることができます．

① 相関を不当に大きくする外れ値(大きい主成分で摘出可能)

② 無意味な主成分を増やしたりデータ構造を不明確にしたりする外れ値(小さい主成分で摘出可能)

第6話　後だしでも人気者の決定分析

本章では**決定分析**[1]のなかから **AID**(**A**utomatic **I**nterction **D**etection)と **CHAID**(**CH**i-squared **A**utomatic **I**nteraction **D**etection)を紹介します．AIDは目的変数が量的な変数，CHAIDは目的変数が質的な変数の場合に使われる手法です．ともに説明変数は量的な変数でも質的な変数でもよく，それらが混在していても支障はありません．決定分析は説明変数の情報から逐次的に2群に仕分けして階層的なモデルを作ります．また，重回帰分析などでは欠測値が含まれる個体は幽霊として分析から除外されます．決定分析では説明変数の欠測値は値のない水準として扱うので，欠測値が出やすい市場調査などの分析に重宝されます．

6.1　偏見を排した個体の仕分け

本節ではAIDを使った仕分けの方法を紹介します．仕分けという言葉は定性的なので以降は**分岐**という言葉を使います．AIDは原理的には分散分析によく似ています．分散分析は**第1話**で紹介したように，あらかじめ水準が設定されています．AIDはデータ分析の過程で柔軟に水準を組み直し，集団を2分岐しながら階層的な**樹形図**(**決定木**)を作ります．

■後出しじゃんけん AID

分散分析は実験研究に使われる方法です．分散分析では因子とその水準はデータを観測する前に決まります．その際，因子間に時間的・因果

1)　本書では得られた樹形図がデシジョンツリーという名前でよばれることから決定分析という名前を使っている．他書では2進木や回帰木，樹形モデルなど別の名前でよばれる．決定分析にはAIDやCHAIDの他にもCARTなどの方法が提案されている．最近ではさらに発展したブートストラップ森やブースティングツリーといった方法も提案されている．

的な順序関係があったとしても，因子はすべて横並びに扱われます．AIDは実験研究のデータも調査研究のデータも扱うことができる探索的な手法です．AIDでは重回帰の変数選択と似た**分岐**と**選定**[2]という作業により最良モデルを探し出します．分岐と剪定は**因子**(または説明変数)の**水準**(またはカテゴリー)単位で行われます．その際，最良な分岐が得られるように水準を組み直します．

以下では例題を使い分散分析とAIDを比較します．例題は液晶フィルムチップの反りの量に違いがあるかどうかを調べた実験です[3]．実験に取り上げた因子は，多層で構成される液晶フィルムチップを接着するための圧力と圧力を加える時間，および液晶フィルムチップの形状です．**表6.1**に示すように，いずれの因子も3水準ですべての実験組合せで各4個の試料の反りを計測したものです．最初に分散分析の結果を確認します．

表6.2は分散分析の結果をまとめたものです．この表は因子の主効果

表6.1　反りの実験データ

圧力	時間	形状											
		1				2				3			
1(= 45)	1(=30)	2.25	2.15	1.65	2.25	1.95	1.65	2.25	1.85	1.65	2.15	1.85	1.85
	2(=60)	2.35	1.75	1.70	2.25	1.85	1.65	2.20	1.85	1.60	2.05	2.00	1.35
	3(=90)	2.45	1.65	1.65	2.25	2.20	1.45	2.25	2.15	1.05	2.20	2.00	1.35
2(= 30)	1(=30)	2.10	1.50	1.15	1.85	1.65	1.35	1.85	1.55	0.80	2.15	1.50	1.00
	2(=60)	1.65	1.10	0.95	1.95	1.45	1.00	1.70	1.55	0.45	1.55	1.50	1.05
	3(=90)	2.15	2.00	0.60	1.25	0.65	0.40	1.35	0.39	0.39	1.35	0.40	0.38
3(= 15)	1(=30)	1.75	1.50	1.05	1.75	1.15	0.85	2.05	1.80	1.05	2.05	1.85	1.10
	2(=60)	0.95	0.60	0.05	1.50	1.45	1.10	1.65	1.35	0.30	1.15	0.45	0.15
	3(=90)	1.55	0.45	0.05	1.10	0.35	0.30	1.05	0.65	0.30	0.70	0.30	0.10

2)　分岐とは，統計量から最適な分岐ルールをモデルに採択する行為を示す言葉であり，いくつかの統計量が提案されている．また，剪定とは最後に分岐したルールをモデルから除外(削除)する行為を示す言葉である．剪定は分析者が樹形図の全体を眺めて主観的に行う．

3)　本例は廣野元久(2001)：『故障物理と寿命予測』(セミナーテキスト，日本科学技術連盟)で筆者が紹介した事例を単純化したものを紹介している．

表 6.2 プーリング前の分散分析表

要因		自由度	平方和	平均平方	F 値	p 値
モデル		18	27.258	1.5143	8.20	< .0001
	圧力	2	16.089	8.0444	43.58	< .0001
	時間	2	5.061	2.5304	13.71	< .0001
	形状	2	2.086	1.0432	5.65	0.0049
	圧力*時間	4	2.417	0.6042	3.27	0.0149
①	圧力*形状	4	0.532	0.1329	0.72	0.5804
②	時間*形状	4	1.073	0.2684	1.45	0.2230
誤差		89	16.428	0.1846		
全体		107	43.686			

と2因子交互作用のすべてを効果に含んだ分散分析表です．**表 6.2** の①と②の交互作用(圧力*形状・時間*形状)は p 値から5%有意ではありません．これらの交互作用は誤差程度の影響しかないので，**プーリング**(誤差に併合すること)します．**表 6.2** の誤差の平方和 16.428 に①と②の平方和を加えて 18.034 と求めます．これがプーリング後の誤差の平方和です．同様に，誤差の自由度 89 に①と②の自由度を加えた 97 がプーリング後の自由度です．平方和 18.034 を自由度 97 で割った 0.1859 がプーリング後の誤差の平均平方になります．プーリング後の誤差を使って分散分析した結果を**表 6.3** に示します．統計的に高度に有意な 3 つの因子の主効果と圧力*時間の交互作用を使い要因効果を調べたものが**図 6.1** です．**図 6.1** の上下の要因効果から，圧力=45 では時間の効果がほとんどなく，圧力=15 では時間の効果が大きくなることがわかります．これは圧力*時間の交互作用の影響です．また，形状の第 3 水準と圧力=15，時間=90 の組合せを選択すると，反りの点推定は 0.384 と求まります．さらに，反りの信頼率 95%の両側信頼区間は (0.111，0.657) と推定されます．

次に，同じデータを AID で分析します．AID は集団を 2 つに分けて階層的な分岐を行います．例えば，圧力では水準 1 と(水準 2 と水準 3)・(水準 1 と 2)と水準 3，および(水準 1 と 3)と水準 2 の 3 つの組合

表 6.3　プーリング後の分散分析表

要因	自由度	平方和	平均平方	*F* 値	*p* 値
モデル	10	25.653	2.5653	13.80	< .0001
圧力	2	16.089	8.0444	43.27	< .0001
時間	2	5.061	2.5304	13.61	< .0001
形状	2	2.086	1.0432	5.61	0.0049
圧力＊時間	4	2.417	0.6042	3.25	0.0151
誤差	97	18.034	0.1859		
全体	107	43.686			

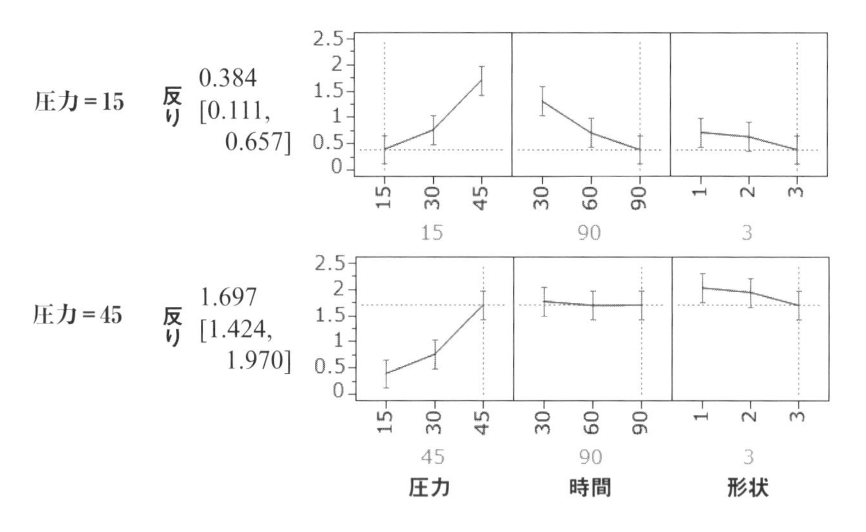

図 6.1　分散分析による反りに対する要因効果

せでそれぞれ分散分析を行います．そのなかで最小の p 値の組合せを圧力の分岐候補とします．時間および形状でも同様に分散分析を行います．各因子の候補のなかから最小の p 値をもつ組合せが最初の分岐ルールです．本例では，**表 6.4** の①に示すように p 値最小の圧力の(水準 2 & 3)と圧力の水準 1 で分岐します．なお，圧力の水準値は第 1 水準から順に(45, 30, 15)です．

分散分析ではあらかじめ設定された水準をそのまま使いますが，AID では分析過程のなかで水準の併合と分離を行います．また，分岐ルール

表 6.4 第 1 分岐を決めるための分散分析のまとめ

	分岐候補	自由度	平均平方		F 値	p 値
			効果	誤差		
	圧力 1-2 & 3	1, 106	8.6800	0.3300	26.30	< .0001
①	**圧力 1 & 2-3**	1, 106	**14.6700**	0.2700	53.59	< .0001
	圧力 1 & 3-2	1, 106	0.7800	0.4040	1.93	0.1680
	時間 1-2 & 3	1, 106	**4.0940**	0.3700	10.96	0.0013
	時間 1 & 2-3	1, 106	3.4700	0.3790	9.15	0.0031
	時間 1 & 3-2	1, 106	0.0257	0.4118	0.06	0.8030
	形状 1-2 & 3	1, 106	1.0058	0.4027	2.50	0.1170
	形状 1 & 2-3	1, 106	**1.9600**	0.3900	4.99	0.0276
	形状 1 & 3-2	1, 106	0.1589	0.4100	0.39	0.5351

を決めるために繰り返し分散分析を行います．1 度の分析で何度も統計的検定を行いますから，有意水準を $\alpha = 0.05$ に決めても全体ではそれよりも緩い判断をすることになります．このことを回避する方法が多重比較です[4]．本例では話を簡単にするために多重比較には踏み込みません．単純に F 値と p 値で判断しています．

次の分岐を考えます．**表 6.5** を見てください．全体を最初の分岐ルールである圧力の(水準 1 と 2)と水準 3 で 2 つのサブグループに分けます．まず，圧力の(水準 1 と 2)のグループのなかだけで分岐の候補を探します．**表 6.5** からわかるように，②の時間の因子の水準 1 と(水準 2 と 3)の分岐が p 値最小です．この条件を分岐の候補とします．次に，圧力の水準 3 のなかで分岐の候補を探します．**表 6.5** の②' の形状の水準 1 と水準(2 と 3)が分岐の候補です．選ばれた候補(②と②')を比較し，p 値が小さい②を 2 番目の分岐ルールとします．同様の考え方で順次分岐を行います．

分岐の停止ルールはいろいろと提案されています．ここでは AID のイメージがわかることを優先して，分岐で得られるグループの最小個数を 5，分岐の回数を 5 としたモデルを考えます．**図 6.2** に示す**樹形図**が

4) 多重比較は本書で紹介する程度を超えているので，巻末の参考文献[7]などの文献を参照されたい．

表 6.5　2 番目の分岐の候補一覧

	分岐候補	自由度	平均平方		*F* 値	*p* 値
			効果	誤差		
①	**圧力 1 & 2**					
	圧力 1 － 2	1, 70	**1.4196**	0.3398	4.18	0.0447
②	**時間 1-2 & 3**	1, 70	**5.4406**	0.2824	19.27	< .0001
	時間 1 & 2-3	1, 70	4.9062	0.2900	16.92	0.0001
	時間 1 & 3-2	1, 70	0.0125	0.3599	0.04	0.8453
	形状 1-2 & 3	1, 70	0.7569	0.3493	2.17	0.1455
	形状 1 & 2-3	1, 70	**1.5939**	0.3373	4.72	0.0331
	形状 1 & 3-2	1, 70	0.1540	0.3579	0.43	0.5139
	圧力 3					
	時間 1-2 & 3	1, 34	**0.0420**	0.1107	0.38	0.5396
	時間 1 & 2-3	1, 34	0.0089	0.1117	0.08	0.7796
	時間 1 & 3-2	1, 34	0.0125	0.1167	0.11	0.7397
	形状 1-2 & 3	1, 34	0.2568	0.1044	2.46	0.1260
②'	**形状 1 & 2-3**	1, 34	**0.4125**	0.0999	4.13	0.0500
	形状 1 & 3-2	1, 34	0.0183	0.1115	0.16	0.6874

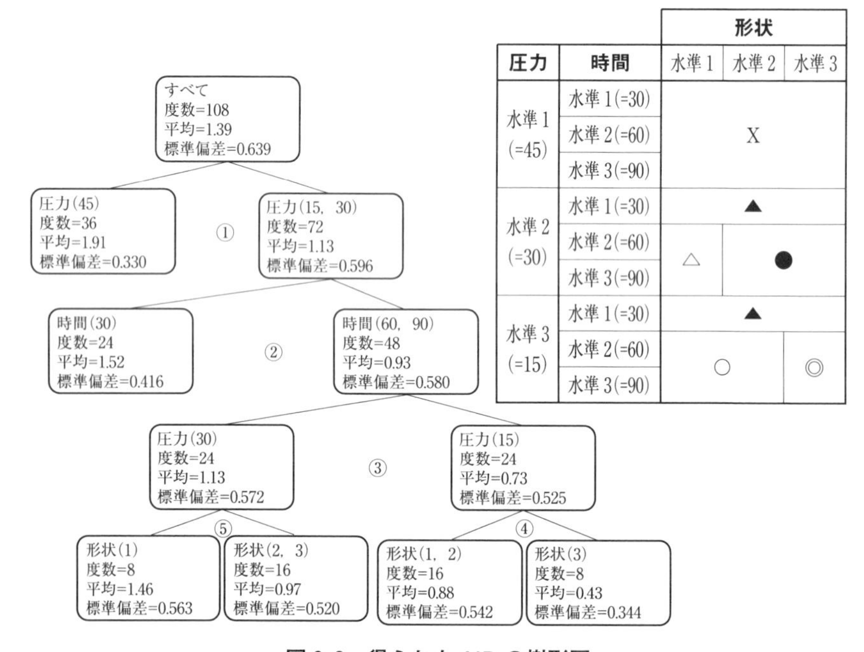

図 6.2　得られた AID の樹形図

得られたモデルです．**図 6.2** から何がわかるでしょうか．分岐された左右の経路を比べると，次の分岐に使われる因子と水準は異なります．これが AID の特徴です．AID は条件付きの交互作用(水準組合せ)を見つけて標本全体を順番に子グループ，孫グループ，…に分岐します．**図 6.2** 右上に示す表は，AID により得られた 6 つのグループに対して反りが少ないほうから(◎・○・●・△・▲・X)の記号でまとめたものです．分散分析ではわからなかった部分的な交互作用，圧力＊形状や時間＊形状，圧力＊時間，そして，圧力＊時間＊形状がモデルに取り込まれています．その様子を**図 6.3** の要因効果で確認しましょう．**図 6.3** 上から圧力の第 3 水準(＝15)・形状の第 3 水準を選ぶと，時間の第 2 水準(＝60)と第 3 水準(＝90)の効果の差がつかないことがわかります．**図 6.3** 下から圧力の第 1 水準(＝45)を選ぶと，時間も形状も水準による効果の差がつかないことがわかります．

以上から，形状の第 3 水準で，少ない圧力(＝15)で 60 以上の圧力の保持時間をかけると反りが少ない製品ができると推定されます．分散分析の結果は圧力の保持時間に 90 を薦めています．AID では 60 でもよさそうです．最終的な判断は製造にかかる時間と反りの大きさのバラン

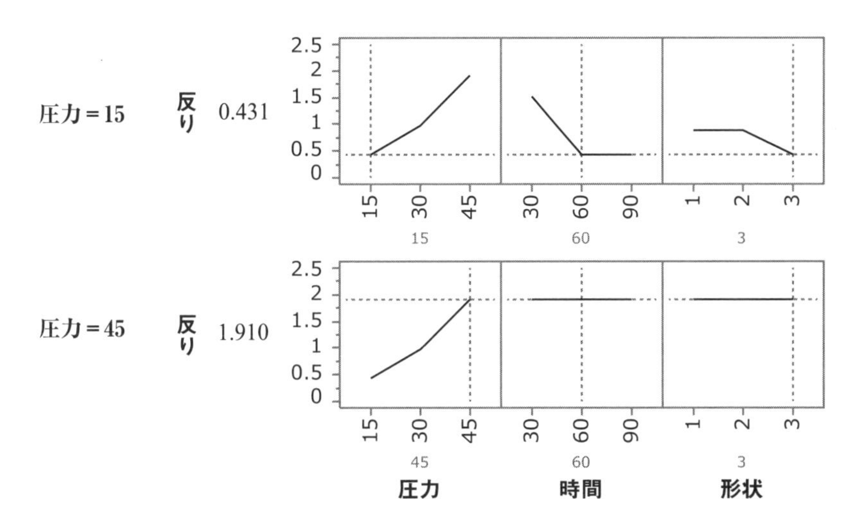

図 6.3　AID による反りに対する要因効果

スを考慮した工程条件を求めることになります．これは重要な意思決定になりますが，ビジネスの問題なのでここでは触れないことにします．

■量的変数の水準化

反りの例では説明変数は名義尺度として扱いました．今度は順序尺度や間隔尺度(あるいは比例尺度)の取扱いを紹介します．

> **質問❶**：説明変数が間隔尺度や比例尺度の場合の AID は，どのような考え方にもとづいているのでしょうか．想像してみましょう．

反りの例題で圧力の因子を順序尺度で扱う場合は，順序制約から分岐で調べる組合せは水準1と(水準2と3)・(水準1と2)と水準3の2つです．水準値を使えば圧力のとる値は(15・30・45)しかないので，水準を順序尺度にした場合と変わりません．

次に調査研究で，説明変数が間隔尺度や比例尺度の場合を取り上げます．例題は1965年～2014年のプロ野球で1シーズン130回以上投げた投手(のべ1959名)を対象にしたものです．目的変数は投手の自責点率(打者1人当たりに対する自責点)です．目的変数に影響を与える説明変数として，被本打率(打者1人当たりに打たれる本塁打)および1アウト効率(投手が1つアウトをとるために必要な対戦相手の数)を取り上げます[5)]．説明変数を使い全体を2つに分岐できればよいので，例えば，被本打率を小さい値から大きい値に並べ替え，個体1とそれ以外・(個体1と2)とそれ以外・…・(個体1～個体1957)と個体1958のように1個ずつずらし，擬似的な水準を作り分散分析を行います．そのなかからp値最小の分岐候補を見つけます．1アウト効率についても同様に考えます．このような方法で順番に分岐を行えば，反りの例と同様にAIDによる分析ができるというわけです．**仮想的に最大でデータ数n個だけ**

5) YAHOO！ JAPAN：「プロ野球」『Sportsnavi』(https://baseball.yahoo.co.jp/npd/stats)や各球団のウェブサイトなどを参考に筆者が収集したデータを用いている．また，自責点率などの変数は筆者が定義したもので一般的に使われているものではない．

水準があると考えればよいのです．手計算では手に負えませんから計算機の助けを借りるとしましょう．

本例ではデータ数が多いので，モデルが過剰適用になっていないかを調べる目的でデータの 30％を検証用にとっておきます．分析に用いるデータは検証に対応する言葉で学習用データとよばれます．また，本例ではグループの最小個体数を 75（全体の約 4％ほど）にしています．AID の結果を**図 6.4** に示します．**図 6.4** の右上には学習用と検証用の寄与率 R^2値と標準誤差，およびデータ数が示されています．学習用のデータ（$n=1354$）の寄与率 R^2値は 0.657 で，検証用のデータ（$n=605$）の寄与率 R^2値は 0.677 です．学習データと検証データの寄与率 R^2値がほぼ同じであればモデルは過剰適合になっていないので信用できると考えるのです．

さて，得られたグループを考察してみます．グループ①が相手に得点を与えにくい投手と判定された 84 名で，1 アウト効率が 1.36 未満でかつ，被本打率が 0.020 未満の投手群です．グループ①の自責点率の平均は 0.059，標準偏差は 0.0097 です．次にグループ②は 151 人いて，1 アウト効率が 1.36 以上 1.42 未満で，かつ被本打率が 0.020 未満の投手群です．グループ②の平均は 0.072，標準偏差は 0.0102 です．グループ②もよい成績の投手といえそうです．逆に，グループ③の 122 人が投手成績の悪い群です．1 アウト効率は 1.47 以上で被本打率も 0.026 以上あります．自責点率の平均は 0.115，標準偏差は 0.0129 ですから，グループ①とグループ③の平均は 2 倍もあるのです．

AID はデータ分析の見通しを立てるうえでも扱いやすい手法です．また，要約的な要素をもっている分類法なので比較的大きな標本向きです．本例のように学習用のデータと検証用のデータを用意しておくとモデルの過剰適応を調べることができるので，信憑性が高まります．

投手成績の例は説明変数が間隔尺度です．参考までに 1 アウト効率と自責点率の関係を回帰直線と AID の結果で比較したものを**図 6.5** に示します．回帰直線が右上がりの直線であるのに対して，AID は右上がりの階段関数になっていることがわかります．

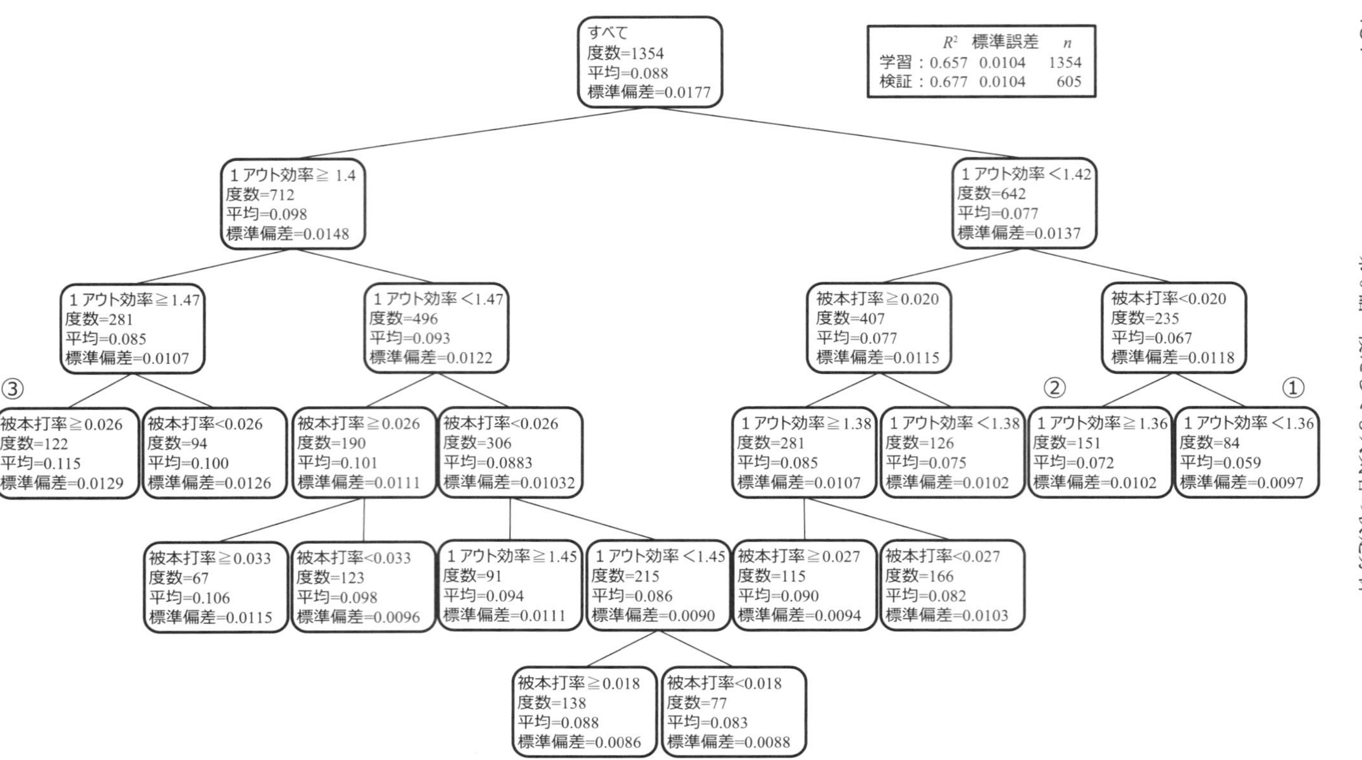

図6.4　AIDによる投手成績の樹形図

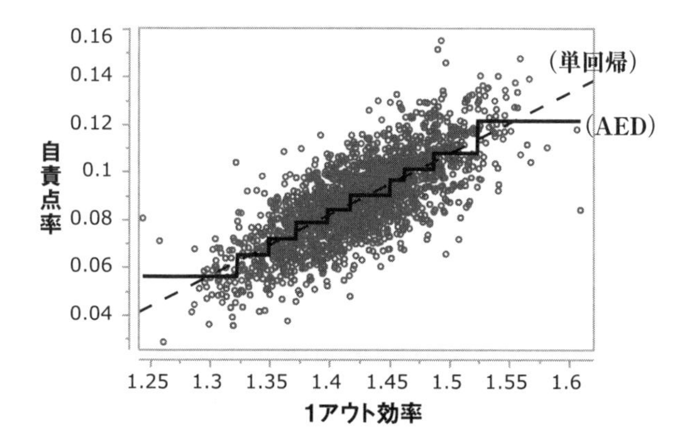

図 6.5 単回帰と AID の比較

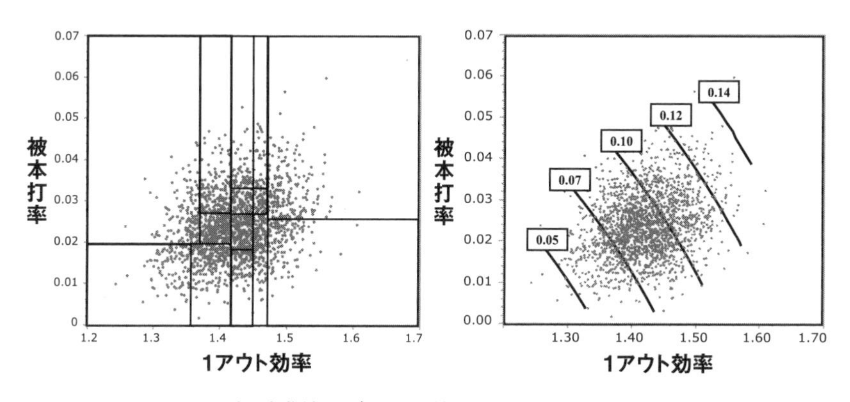

図 6.6 投手成績のデータを使った AID と重回帰の比較

次に，AID と重回帰のモデルと比較したものが**図 6.6** です．左が AID の樹形図を 1 アウト効率と被本打率の散布図上で表現したものです．AID は平面を大きさの異なる下駄箱(四角形)で分割していることがわかります．一方，**図 6.6** 右は重回帰のモデルを 1 アウト効率と被本打率の散布図上で表現しています．平面上に自責点率の推定値の等高線を重ね合わせています．重回帰のモデルは 1 アウト効率と被本打率の主効果と交互作用，および主効果の 2 次項まで使ったものです．2 次項や交互作用の効果は小さいため，等高線は平行な右下がりの直線に見えま

(実際は少し曲がっています). 重回帰はデータの密度に関係なく等高線が引かれていますが, AID では密度の高い領域ほど小さな箱で分割していることがわかります.

目からウロコ 6.1：AID の苦手なデータのパターン

決定分析は統計的な前提が弱いフレキシブルな方法ですが, 苦手なパターンがあります. 以下にそのパターンを2つ挙げておきます.

① AID では比較するノード間の平均に差がないときは分岐の対象になりません. そのような交互作用の検出には AID は不向きです.

② AID では相関や関連性の強い説明変数同士は, 一方が分岐ルールに採択されたら, もう一方が採択される可能性が低くなります.

6.2 2元表を使った深掘り

6.1 節では AID を紹介しました. AID は目的変数が量的な変数の場合の決定分析の手法です. 目的変数が質的な変数の場合はどう考えればよいでしょうか. その答えは, 2元表の独立性の検定を活用した深掘りにあります. その方法が CHAID です. 頭の CH はカイ2乗統計量を意味するもので後ろは AID です. AID は分岐の評価に F 値から計算した p 値(上側確率)を使いました. CHAID はカイ2乗から計算した p 値(上側確率)を使います.

■幽霊(説明変数側の欠測値)も水準の1つ

マーケティングや社会科学では主に調査研究のデータを分析します. このようなデータでは**欠測値**がつきものです. 大きな標本を収集したにもかかわらず, 欠測値のある個体を取り除いたら, 思いのほか小さな標本になってしまったということが起こるのです．データが観測されていない欠測値ですが，そこに重要な情報が隠されているかもしれません．決定分析では説明変数の欠測値を1つの水準として処理することができます．名義尺度や順序尺度では欠測を意味する新しい水準，例えば"—"を与え，間隔尺度や比例尺度では欠測値に特別な数値，例えば"−9999"や"9999"など観測値と識別できる数値を与えれば，欠測値を1つの水準として扱うことが可能です．

■販売店が製品の性能よりも大切にすること

A社のマーケティング部門が新製品 α の販売戦略を見直すために，現状の施策について販売店の社員に推奨度(他社の取扱品に比べてA社製品を推すか推さないか)の調査を行いました[6]．調査項目は5項目で，以下の2水準で回答をしてもらいました．

- 宣伝広告量：(良い・少ない)
- 販売助成：(良い・少ない)
- 在庫期間：(適正・長い)
- 担当者：(熱心・消極的)
- 値引き量：(大きい・小さい)

推奨度に関して回答があった594名のうち41名の回答に説明変数の欠測値がありました．欠測値は"—"印で識別することにします．決定分析では説明変数の欠測を1つの水準として扱います．このため，41名のデータを無駄にすることはありません．本例では推奨度を目的変数に，上記の5つの項目を説明変数にして2元表を作成します．このとき，欠測"—"も1つの水準と考えます．

表6.6左に示すように，作成した5×3の2元表のなかでカイ2乗が最大(p 値最小)の宣伝広告の水準(＝良い)と水準(＝少ない＆−)で最初の分岐ルール(**表6.6**の①)を作ります．

次に，宣伝広告の水準(＝良い)で分岐した子グループのなかでの最良の分岐候補(**表6.6**の②)と宣伝広告の水準(＝少ない＆−)で分岐した子グループのなかでの最良の分岐候補(**表6.6**の③)を比較して，p 値最小

6)　本例は筆者が相談を受けた事例で，相談者に不利益が生じないように話を単純化している．

表 6.6　推奨度の CHAID の分岐の様子

	分岐候補	自由度	総度数	分岐度数	カイ2乗	p 値
①	**宣伝広告** 良い，少ない&－	1	594	253・341	82.6	< .0001
	少ない，良い&－	1	594	329・265	71.5	< .0001
	良い&少ない，－	1	594	582・12		
	販売助成 良い，少ない&－	1	594	279・315	18.8	< .0001
	少ない，良い&－	1	594	302・292	13.5	0.0002
	良い&少ない，－	1	594	581・13		
	⋮	⋮	⋮	⋮	⋮	⋮
	値引量 小さい，大きい&－	1	594	295・299	1.2	0.2711
	大きい，小さい&－	1	594	283・311	1.3	0.2449
	良い&少ない，－	1	594	578・16		

	分岐候補	自由度	総度数	分岐度数	カイ2乗	p 値
②	**販売助成** 良い，少ない&－	1	253	123・130	14.7	0.0001
	少ない，良い&－	1	253	126・127	12.1	0.0005
	良い&少ない，－	1	253	250・3		
	⋮	⋮	⋮	⋮	⋮	⋮
③	**在庫期間** 適正，長い&－	1	341	174・167	14.7	0.0001
	長い，適正&－	1	341	159・182	11.6	0.0007
	適正&長い，－	1	341	333・8		
	⋮	⋮	⋮	⋮	⋮	⋮

の販売助成の水準(＝良い)と水準(＝少ない&－)で分岐ルールを作ります．さらに，宣伝広告の水準(＝少ない&－)の子グループと，左側の経路の販売助成の水準(＝良い)の孫グループと水準(＝少ない&－)の孫グループのなかでそれぞれ最良の分岐ルールの候補を選びます．3つの候補から最良の分岐ルールを選びます．それが，在庫期間の水準(＝適正)と水準(＝長い&－)の分岐になります(**表 6.6** の③)．同様に分岐を繰り返し，最小個数と p 値から適当なところで分岐を終了しました．

図 6.7 は CHAID の結果を樹形図で表したものです．**図 6.7** の①や②のように A 社の販売促進策が届いていると思われる販売店では A 社製品を推してもらっているようです．しかし，③のように宣伝広告量も少なく販売助成も少ないと感じている販売店では，A 社製品を在庫する期間も長く，推奨もほとんどされないことがわかりました．この結果を受けて，A 社では新製品 α の販売戦略を練り直しました．

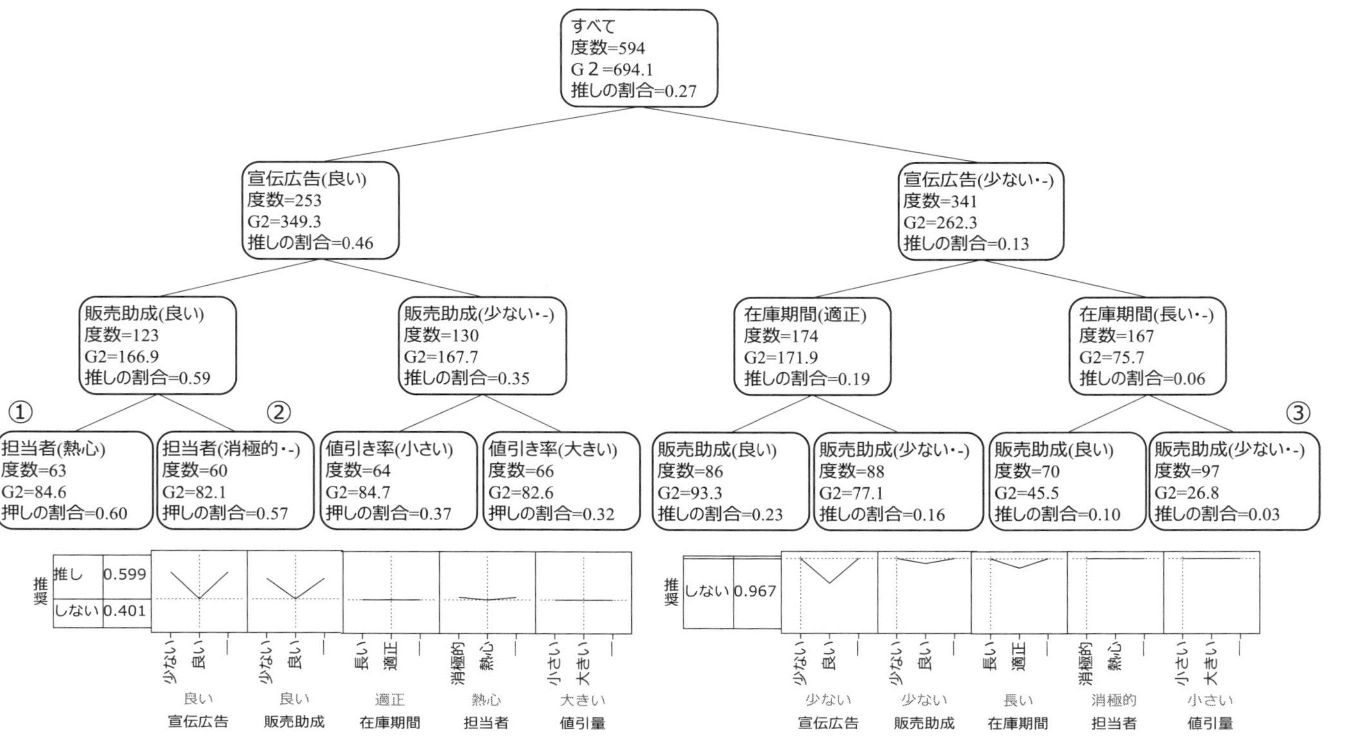

図 6.7　A 社製品の推奨度の CHAID の樹形図

目からウロコ 6.2：幽霊(欠測値)も重要な情報

欠測値はそのままではデータ分析に使うことができません．しかし，決定分析では説明変数側の欠測値を1つの水準にまとめることでモデルに取り込むことが可能です．

① 名義尺度では欠測値を1まとめにして新しい水準と考えます．

② 順序尺度では欠測値の水準を1番小さい側，あるいは1番大きい側の水準と考え，両者を比較してモデルを作ります．

③ 間隔尺度や比例尺度では最小値，あるいは最大値として，識別のためだけに新たな数値を与えます．

付録

■重回帰のパラメータ推定方法

ここでは，説明変数が $p=2$ の場合を例に説明します．重回帰では最小2乗法を使いパラメータの推定を行います．この計算方法は(A.1)式でわかるように，誤差の2乗和 $Q=\sum e_i^2$ が最小となるベクトル β の値を求めます．

$$Q=\sum e_i^2=\sum\{y_i-(\beta_0+\beta_1 x_{i1}+\beta_2 x_{i2})\}^2 \qquad (A.1)$$

(A.1)式を最小とする $\beta_j (j=0, 1, 2)$ の推定値を求めるには，(A.1)式を β_0，β_1，β_2 で偏微分すると，(A.2)式の連立方程式が得られます．

$$\begin{aligned} n\hat{\beta}_0 &+\sum x_{i1}\hat{\beta}_1 &+\sum x_{i2}\hat{\beta}_2 &= \sum y_i \\ \sum x_{i1}\hat{\beta}_0 &+\sum x_{i1}^2\hat{\beta}_1 &+\sum x_{i1}x_{i2}\hat{\beta}_2 &= \sum x_{i1}y_i \\ \sum x_{i2}\hat{\beta}_0 &+\sum x_{i1}x_{i2}\hat{\beta}_1 &+\sum x_{i2}^2\hat{\beta}_2 &= \sum x_{i2}y_i \end{aligned} \qquad (A.2)$$

この連立方程式は説明変数側の行列 $\boldsymbol{X}$ と目的変数のベクトル $\boldsymbol{y}$ を使い，

$$(\boldsymbol{X'X})\boldsymbol{\beta}=\boldsymbol{X'y} \qquad (A.3)$$

と表すことができます．ここで，$\boldsymbol{\beta}$ は重回帰のパラメータの推定値を要素にもつベクトルです．行列計算の作法に従って，(A.3)式に左から $(\boldsymbol{X'X})$ の逆行列，$(\boldsymbol{X'X})^{-1}$ を掛けると $\boldsymbol{\beta}$ の要素が求まります．

$$\boldsymbol{\beta}=(\boldsymbol{X'X})^{-1}\boldsymbol{X'y} \qquad (A.4)$$

図A.1 はExcelを使ったパラメータ推定の計算過程を示したものです．まず，**図A.1** の説明変数側のデータ行列 $\boldsymbol{X}$(①)を用意します．この $\boldsymbol{X}$ の大事なポイントは説明変数である x_1 と x_2 以外に，1列目に切片項に対応する値1の列を追加していることです．次に，説明変数側の積和 $(\boldsymbol{X'X})$ を計算します．そのために，データ行列(①) $\boldsymbol{X}$ の転置行列(行と列の入替え)を用意(②)します．積和行列 $(\boldsymbol{X'X})$(③)が意味するのは **図A.1** の上段右(③★)に示すように，対角成分は2乗和に，対角成分以

②データの転置行列 X'

切片	1	1	1	1	1	1
x_1	1	2	2	3	3	4
x_2	1	2	1	2	1	2

×

①データ行列 X

切片	x_1	x_2
1	1	1
1	2	2
1	2	1
1	3	2
1	3	1
1	4	2

=

③積和行列 $(X'X)$

6	15	9
15	43	24
9	24	15

③*積和行列 $(X'X)$

n	Σx_1	Σx_2
Σx_1	Σx_1^2	$\Sigma x_1 x_2$
Σx_2	$\Sigma x_1 x_2$	Σx_2^2

②データの転置行列 X'

切片	1	1	1	1	1	1
x_1	1	2	2	3	3	4
x_2	1	2	1	2	1	2

×

④ $\boldsymbol{y}$

y
1
2
4
6
8
11

=

⑤ $X'\boldsymbol{y}$

32
99
51

⑥逆行列 $(X'X)^{-1}$

1.917	-0.25	-0.75
-0.25	0.25	-0.25
-0.75	-0.25	0.92

×

⑤ $X'\boldsymbol{y}$

32
99
51

=

⑦ β の推定値

-1.667
4
-2

図 A.1　重回帰のパラメータを推定するプロセス

外は積和の計算になっていることです．なお，1 行 1 列の値はすべて 1 です．その 2 乗和ですから個体数 n に他なりません．さらに，$\boldsymbol{X'}$(②)と $\boldsymbol{y}$(④)の積和を計算(⑤)します．最後に$(\boldsymbol{X'X})$の逆行列を$(\boldsymbol{X'X})^{-1}$(⑥)を計算して，積和 $\boldsymbol{X'y}$(⑤)との積和を計算するとベクトル $\boldsymbol{\beta}$ の推定値が求まります．

なお，Excel には行列の逆行列を求める関数{＝MINVERSE(行列の範囲)}があるので行列計算は大変便利です．

■固有値・固有ベクトルの求め方

主成分分析では相関係数行列 $\boldsymbol{R}$ や分散共分散行列 $\boldsymbol{V}$ の固有値・固有ベクトルを使って次元の縮約を行います．p 次の正方行列 $\boldsymbol{R}$ に対して，

$$\boldsymbol{R}\boldsymbol{l} = \lambda \boldsymbol{l} \tag{A.5}$$

を満たす定数 λ と p 次元のベクトル $\boldsymbol{l}(\neq 0)$ は，それぞれ行列 $\boldsymbol{R}$ の固有値および固有ベクトルとよばれます．(A.5)式は行列方程式とよばれる

もので，線形変換行列 $\boldsymbol{R}$ によって方向が変わらないような p 次元ベクトルを定めるものです．この(A.5)式を満たすベクトル $\boldsymbol{l}$ は $(\boldsymbol{R}-\lambda\boldsymbol{I})\boldsymbol{l}=0$ より $\boldsymbol{l}\neq 0$ であるためには，その行列式が 0 である必要があります．すなわち，

$$\mathrm{Det}(\boldsymbol{R}-\lambda\boldsymbol{I})=|\boldsymbol{R}-\lambda\boldsymbol{I}|=0 \qquad \text{(A.6)}$$

となります．ここで $\boldsymbol{I}$ は単位行列です．固有値・固有ベクトルを求める方法はいくつかのアルゴリズムがあります．

以下では Excel のような表計算ソフトを使ったパワー法による計算方法を紹介します．**図 A.2** は Excel を使って第 1 主成分の固有値・固有ベクトルを求める過程を示したものです．①は相関係数行列 $\boldsymbol{R}$ です．$\boldsymbol{R}$ の要素は 3 変数の相関係数行列です．ここでは変数の数を $p=3$ としていますが，p の数が増えても同様な操作で固有値・固有ベクトルを求めることができます．この行列 $\boldsymbol{R}$ に②の固有ベクトルの初期値を与えます．

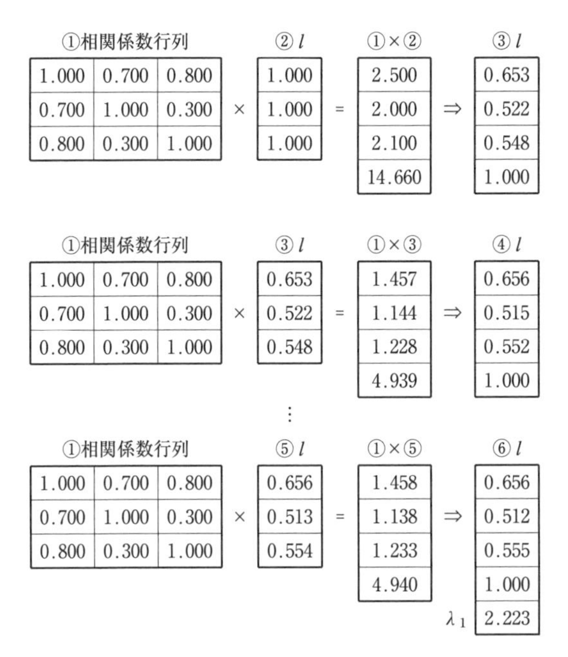

図 A.2　Excel を使った固有値・固有ベクトルの求め方(1)

図 A.2 では $\boldsymbol{l}'=(1.000,\ 1.000,\ 1.000)$ を与えています．$\boldsymbol{Rl}$ を計算して，$\boldsymbol{l}$ の要素の 2 乗和が 1 になるように調整したものが③の値です．例えば，$\boldsymbol{l}$ の 1 行 1 列の要素は，$1.000\times1+0.700\times1+0.800\times1=2.500$ と求めます．同様に $\boldsymbol{l}$ の 2 行 1 列と 3 行 1 列の要素を求めて，それぞれ 2.000 と 2.100 が得られます．その 2 乗和を計算すると 14.600 となります．$\boldsymbol{l}$ の各要素の 2 乗を 14.600 で割った値の平方根が③の値です．得られた③の値を固有ベクトル $\boldsymbol{l}$ の候補として，$\boldsymbol{Rl}$(①×③) を再度計算します．その結果を 2 段目に示しています．この値の 2 乗和が 1 になるように基準化した値が④になります．この計算を繰り返し，$\boldsymbol{l}$ の値が安定したら，それが第 1 主成分の固有ベクトル $\boldsymbol{l}$(⑥) になります．また，基準化前後の比を計算したものが固有値になっています．**図 A.2** では $\lambda_1=1.458/0.654=2.223$ です．この繰り返し計算は(A.5)式の関係をそのまま使っています．まず，$\boldsymbol{l}$ の初期値を与えて，(A.5)式の左辺を計算します．得られた値の 2 乗和が 1 になるように基準化した値が右辺の $\boldsymbol{l}$ の 1 回目の近似です．左辺と右辺の $\boldsymbol{l}$ の値が一致するまで繰り返し計算を行います．単純な繰り返し計算により，第 1 主成分の固有値・固有ベクトルを求めることができるのです．

次に第 2 主成分の固有値・固有ベクトルを計算します．そのためには，相関係数行列 $\boldsymbol{R}$ から第 1 主成分の情報量を取り除く必要があります．第 1 主成分の固有値・固有ベクトルから 1 次元推定 $\tilde{R}_1$ を計算します．$\tilde{R}_1$ の ij 要素を r_{ij} とすると，$r_{ij}=\lambda_1\times l_{1i}\times l_{1j}$ と計算します．その結果を**図 A.3** の 1 段目の中央(⑦)に示します．相関係数行列 $\boldsymbol{R}$ から 1 次元推定 $\tilde{R}_1$ を引いた残差が⑧になります．今度は残差(⑧)を使って繰り返し計算を行い，第 2 主成分の固有値・固有ベクトル(⑪)を求めます．

最後に**図 A.4** に示すように，⑧の残差 $(\boldsymbol{R}-\tilde{R}_1)$ から 2 次元推定 $\tilde{R}_2$(⑫)を引いた残差 $(\boldsymbol{R}-\tilde{R}_1-\tilde{R}_2)$(⑬)から第 3 主成分の固有値・固有ベクトル(⑯)を求めます．得られた第 3 主成分の固有値・固有ベクトルから 3 次元推定 $\tilde{R}_3$(⑰)を計算します．この行列は残差 $(\boldsymbol{R}-\tilde{R}_1-\tilde{R}_2)$(⑬)と一致します．

このとき，推定行列の和 $\tilde{R}_1+\tilde{R}_2+\tilde{R}_3$ は $\boldsymbol{R}$ を復元した行列(⑱)になっ

①相関係数行列

1.000	0.700	0.800
0.700	1.000	0.300
0.800	0.300	1.000

⑦1次元推定

0.956	0.747	0.809
0.747	0.583	0.631
0.809	0.631	0.684

⑧残差

0.044	-0.047	-0.009
-0.047	0.417	-0.331
-0.009	-0.331	0.316

⑧残差

0.044	-0.047	-0.009
-0.047	0.417	-0.331
-0.009	-0.331	0.316

× ② l = ⑧×② ⇒ ⑨ l

② l	⑧×②	⑨ l
1.000	-0.011	-0.243
1.000	0.040	0.838
1.000	-0.023	-0.488
	0.002	1.000

⋮

⑧残差

0.044	-0.047	-0.009
-0.047	0.417	-0.331
-0.009	-0.331	0.316

× ⑩ l = ⇒ ⑪ l

	⑩ l		⑪ l
	-0.045	-0.032	-0.045
	0.759	0.534	0.759
	-0.649	-0.456	-0.649
		0.494	1.000
λ_2			0.703

図 A.3　Excel を使った固有値・固有ベクトルの求め方(2)

ています．また，元の変数と主成分との相関係数である因子負荷量は固有値・固有ベクトルを使って，$r(z_i,\ x_j)=l_{ij}\times\sqrt{\lambda_i}$で求めます．一方，主成分得点$z$は固有ベクトルを使って，元の変数の線形結合で表すことができます．例えば，第1主成分得点は，

$$z_{i1}=0.656x_{i1}+0.512x_{i2}+0.555x_{i3}\ (i=1,\ 2,\ \cdots,\ n) \quad (A.7)$$

で求めることができます．

■ 2元表の特異値分解

対応分析では2元表のカイ2乗値を分解しています．この分解は数学的に特異値分解といわれるものです．対応分析では行と列のカテゴリーの数が異なることが普通です．このため，相関係数行列$\boldsymbol{R}$の分解よりも計算が若干複雑になります．しかし，特異値の計算は，ちょっとした事前の仕込みにより，固有値問題として解くことが可能です．ここでは数値例を使って，Excelで計算の流れを示します．**図 A.5** は2元表の

⑧残差

0.044	-0.047	-0.009
-0.047	0.417	-0.331
-0.009	-0.331	0.316

⑫2次元推定

0.001	-0.024	0.021
-0.024	0.405	-0.347
0.021	-0.347	0.296

⑬残差

0.042	-0.022	-0.029
-0.022	0.012	0.016
-0.029	0.016	0.020

⑬残差

0.042	-0.022	-0.029
-0.022	0.012	0.016
-0.029	0.016	0.020

× ② l

1.000
1.000
1.000

= ⑬×②

-0.009
0.005
0.007
0.000

⇒ ⑭ l

-0.753
0.401
0.521
1.000

⋮

⑬残差

0.042	-0.022	-0.029
-0.022	0.012	0.016
-0.029	0.016	0.020

× ⑮ l

-0.753
0.401
0.521

= ⑬×⑮

-0.056
0.030
0.039
0.006

⇒ ⑯ l

	-0.753
	0.401
	0.521
	1.000
λ_3	0.074

⑰3次元推定

0.042	-0.022	-0.029
-0.022	0.012	0.016
-0.029	0.016	0.020

⑱相関の復元

1.000	0.700	0.800
0.700	1.000	0.300
0.800	0.300	1.000

図 A.4 Excel を使った固有値・固有ベクトルの求め方(3)

①度数

5	9	10	8	32
2	15	25	30	72
1	2	8	16	27
8	26	43	54	131

②期待度数

1.95	6.35	10.50	13.19	32.00
4.40	14.29	23.63	29.68	72.00
1.65	5.36	8.86	11.13	27.00
8.00	26.00	43.00	54.00	131.00

③残差：X'

2.18	1.05	-0.16	-1.43
-1.14	0.19	0.28	0.06
-0.51	-1.45	-0.29	1.46

④残差の転置：X

2.18	-1.14	-0.51
1.05	0.19	-1.45
-0.16	0.28	-0.29
-1.43	0.06	1.46

⑤積和：$X'X$

7.92	-2.42	-4.67
-2.42	1.42	0.31
-4.67	0.31	4.58

図 A.5 2元表の分解(固有値問題に持ち込むまでの仕込み)

カイ2乗を計算して，固有値問題を解くための仕込みを示したものです．

図 A.5 の①は2元表(3×4)の数値例です．2元表の独立性の検定を行う場合と同様に期待度数を計算したものが②になります．期待度数は行と列が独立である状態を表したものです．期待度数の計算は周辺度数の積を全度数 $n_{\cdot\cdot}$ で割ったものです．例えば，期待度数②の1行1列の要素 m_{11} は，$n_{1\cdot}=32$ と $n_{\cdot 1}=8$ の積を $n_{\cdot\cdot}=131$ で割った値 $m_{11}=1.95$ です．ここでの残差 X'(③)は要素のカイ2乗の平方根です．

具体的には，以下のように計算します．

$$\chi=\frac{n_{ij}-m_{ij}}{\sqrt{m_{ij}}} \tag{A.8}$$

ここで，n_{ij} は2元表の i 行 j 列の度数です．例えば，1行1列の残差は $(5-1.95)/\sqrt{1.95}=2.18$ になります．次に残差の積和($X'X$)を計算します．その値が**図 A.5** の⑤の積和($X'X$)です．これで行と列の数が同じになりました．⑤の積和($X'X$)の固有値問題を主成分分析の固有値問題と同様のプロセスで解けばよいわけです．**図 A.6** が第1次元の固有値問題を経由して特異値分解を行った手順になります．

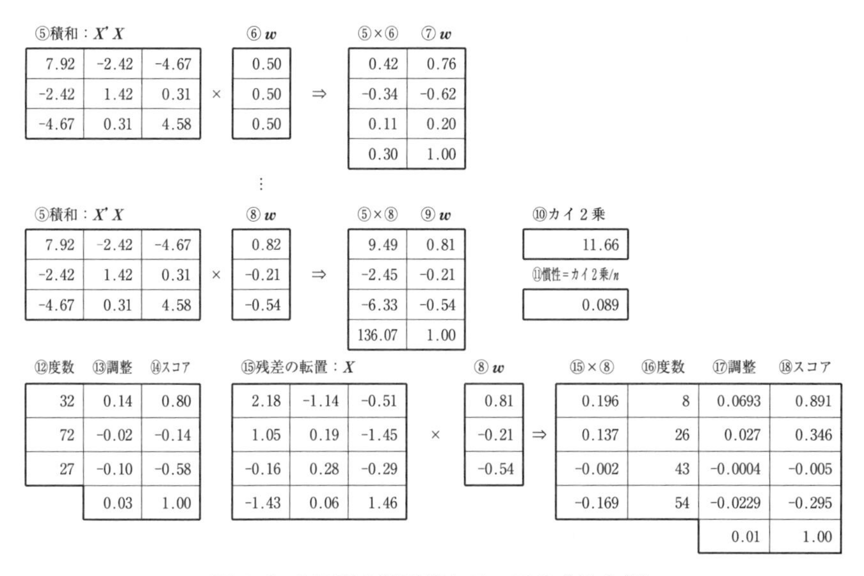

⑤積和：X' X

7.92	-2.42	-4.67
-2.42	1.42	0.31
-4.67	0.31	4.58

× ⑥ w

0.50
0.50
0.50

⇒

⑤×⑥	⑦ w
0.42	0.76
-0.34	-0.62
0.11	0.20
0.30	1.00

⋮

⑤積和：X' X

7.92	-2.42	-4.67
-2.42	1.42	0.31
-4.67	0.31	4.58

× ⑧ w

0.82
-0.21
-0.54

⇒

⑤×⑧	⑨ w
9.49	0.81
-2.45	-0.21
-6.33	-0.54
136.07	1.00

⑩カイ2乗: 11.66

⑪慣性=カイ2乗/n: 0.089

⑫度数	⑬調整	⑭スコア
32	0.14	0.80
72	-0.02	-0.14
27	-0.10	-0.58
	0.03	1.00

⑮残差の転置：X

2.18	-1.14	-0.51
1.05	0.19	-1.45
-0.16	0.28	-0.29
-1.43	0.06	1.46

× ⑧ w

0.81
-0.21
-0.54

⇒

⑮×⑧	⑯度数	⑰調整	⑱スコア
0.196	8	0.0693	0.891
0.137	26	0.027	0.346
-0.002	43	-0.0004	-0.005
-0.169	54	-0.0229	-0.295
		0.01	1.00

図 A.6　2元表の特異値とスコアの求め方(1)

まず，⑤の積和行列 $(X'X)$ に初期値の⑥の固有ベクトル $\boldsymbol{w}$ を与えます．ここでの初期値は $\boldsymbol{w}'=(0.50,\ 0.50,\ 0.50)$ です．基準化した1次近似は⑦の $\boldsymbol{w}$ になります．左辺と右辺の固有ベクトルが一致するまで繰り返し計算を行います．安定した固有ベクトルが得られたら2乗和が1になるように基準化(⑨)します．基準化前後の比 9.49/0.81＝11.66(⑩)が次元1のカイ2乗の値になります．このカイ2乗の値を総度数 $n_{..}$ で割った値 0.098 が慣性(⑪)になります．慣性の平方根 0.298 が特異値になります．その値が次元1での相関係数です．得られた固有ベクトルは周辺度数に対応したものなので，周辺度数の平方根で割ったものが**図 A.6** の最下段左の調整の値です．例えば，1行目の値は $0.81/\sqrt{32}=0.14$ です．調整の値の2乗和が1になるように基準化した値(⑭)が行側のスコアになります．

列側のスコアを求めるには残差の転置行列 X(⑮)に固有ベクトル $\boldsymbol{w}$(⑧)を掛けて列側の固有ベクトル(積和 $X\boldsymbol{w}$)を計算します．この値を周辺度数の平方根で割った値を求めます．得られた修正(⑰)の値を二乗和が1になるように基準化したら列のスコア(⑱)が得られます．

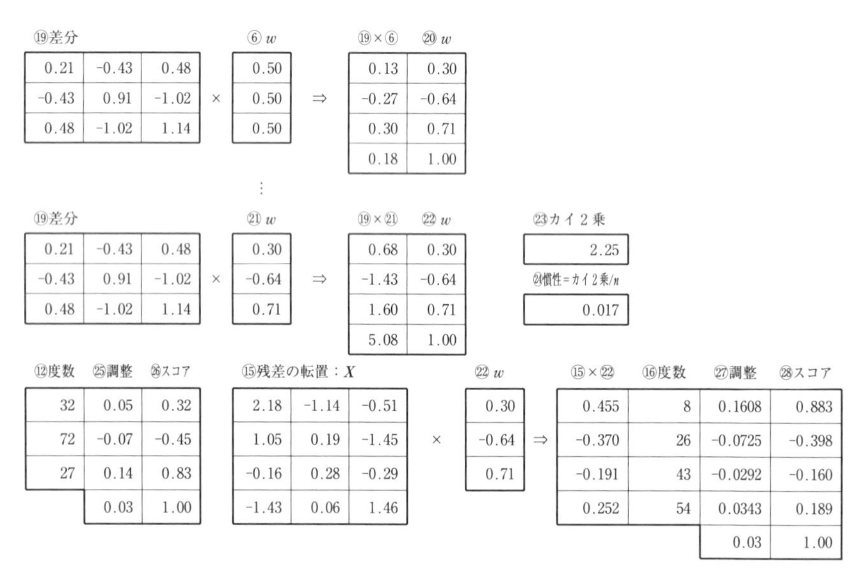

図 A.7　2元表の特異値とスコアの求め方(2)

次元1の数量化が終わったので，次元2の数量化を行います．それには⑤の積和$(X'X)$から次元1の情報を除く必要があります．$(X'X)$の1次元近似の要素は$\lambda_1 \times w_i \times w_j$により計算します．$(X'X)$から$(X'X)$の1次元近似を引いた差分行列(⑲)を使って，次元2の固有値・固有ベクトルを求めます．**図A.7**に示すように，差分行列(⑲)と固有ベクトルの初期値(⑥)の積和を計算します．積和の要素の2乗和が1になるように基準化して，それを固有ベクトルの1次近似(⑳)とします．以下，次元1のスコアを求めるプロセスと同様の計算を行えば，次元2の慣性(㉔)とその平方根である特異値，0.130およびカテゴリーのスコア(㉖および㉘)を求めることができます．ここには示しませんでしたが同様の手順を繰り返せば，次元3以降の慣性・特異値，およびスコアも計算できるというわけです．

また，各次元の近似行列をすべて加えれば，元の$(X'X)$を復元することができることも主成分分析と同じです．

参考文献

[1]　Alfredo H-S.Ang・Wilson H.Tang 著，伊藤學・亀田弘行監訳，能島暢呂・阿部雅人訳(2007)：『改訂　土木・建築のための確率・統計の基礎』，丸善出版

[2]　岩坪秀一(1987)：『数量化法の基礎』，朝倉書店

[3]　遠藤幸一・廣野元久(2018)：「間違いやすい Weibull 解析例の研究」，『第 48 回信頼性・保全性シンポジウム予稿集』，日本科学技術連盟

[4]　奥野忠一・芳賀敏郎(1969)：『実験計画法』，培風館

[5]　椿広計(1993)：「2 次元行列型データの縮約手法としての特異値分解」，『多変量解析研究会合宿資料』，日本科学技術連盟

[6]　永田靖(1996)：『統計的方法のしくみ』，日科技連出版社

[7]　永田靖・吉田道弘(1997)：『統計的多重比較法の基礎』，サイエンティスト社

[8]　永田靖・棟近雅彦(2001)：『多変量解析法入門』，サイエンス社

[9]　永田靖(2005)：『統計学のための数学入門 30 講』，朝倉書店

[10]　浜島信之(1990)：『多変量解析による臨床研究』，名古屋大学出版会

[11]　廣野元久(2017)：『目からウロコの統計学』，日科技連出版社

[12]　廣野元久(2018)：『JMP による多変量データ活用術　3 訂版』，海文堂出版

[13]　廣野元久(2018)：『JMP による技術者のための多変量解析』，日本規格協会

[14]　廣野元久・永田靖(2013)：『アンスコム的な数値例で学ぶ統計的方法 23 講』，日科技連出版社

[15]　竹内学・藤井寛一編(1978)：『理工学における定理・法則の事典』，東京電機大学出版局

[16]　宮川雅巳(2000)：『品質を獲得する技術』，日科技連出版社

[17]　山田秀(2004)：『実験計画法—方法編』，日科技連出版社

[18]　山田秀(2004)：『実験計画法—活用編』，日科技連出版社

[19]　イアン・エアーズ著，山形浩生訳(2007)：『その数学が戦略を決める』，文藝春秋

[20]　A.J.Gross, V.A.Clark 著，医学統計研究会訳(1984)：『生存時間分布とその応用』，マール社プランニングセンター

[21]　スティーブン・M・スティグラー著，森谷博之，熊谷善彰，山田隆志訳(2017)：『統計学の 7 原則』，パンローリング

[22]　マデリン・パケット，ジャスティン・ハマック著，村松静枝訳(2016)：『The Wine』，日本文芸社

索　引

●著者紹介

廣野元久（ひろの　もとひさ）

1984年，株式会社リコー入社．以来，社内の品質マネジメント・信頼性管理の業務，SQCの啓蒙普及に従事，品質本部QM推進室長，NA事業部SF事業センター所長を経て，現在，HC事業本部MI事業センター品質保証・薬事推進室長．

東京理科大学工学部経営工学科　非常勤講師(1997～1998年)，慶應義塾大学総合政策学部　非常勤講師(2000～2004年)．

主な専門分野はSQC，信頼性工学．主著に『グラフィカルモデリングの実際』(共著，日科技連出版社，1999年)，『JMPによる多変量データ活用術』(海文堂出版，2004年)，『SEM因果分析入門』(共著，日科技連出版社，2011年)，『アンスコム的な数値例で学ぶ統計的方法23講』(共著，日科技連出版社，2013年)，『目からウロコの統計学』(日科技連出版社，2017年)，『JMPによる技術者のための多変量解析』(日本規格協会，2018年)など．

目からウロコの多変量解析
—データ分析の極意に迫る7つの処方箋—

2019年11月27日　第1刷発行
2020年8月17日　第2刷発行

著　者　廣野元久
発行人　戸羽節文

発行所　株式会社 日科技連出版社
〒151-0051　東京都渋谷区千駄ヶ谷5-15-5
DSビル
電　話　出版　03-5379-1244
営業　03-5379-1238

検印省略

Printed in Japan

印刷・製本　東港出版印刷㈱

ISBN 978-4-8171-9684-2
URL http://www.juse-p.co.jp/